大国不崇洋

钟华楠 著

中国建筑工业出版社

图书在版编目（CIP）数据

大国不崇洋／钟华楠著.—北京：中国建筑工业出版
社，2017.11
ISBN 978-7-112-21447-1

Ⅰ.①大… Ⅱ.①钟… Ⅲ.①古建筑–建筑艺术–中
国–文集 Ⅳ.①TU-092.2

中国版本图书馆CIP数据核字（2017）第266345号

责任编辑：郑淮兵 王晓迪
责任校对：焦 乐 王宇枢

大国不崇洋

钟华楠 著

*

中国建筑工业出版社出版、发行（北京海淀三里河路9号）

各地新华书店、建筑书店经销

北京锋尚制版有限公司制版

北京京华铭诚工贸有限公司印刷

*

开本：880×1230毫米 1/32 印张：9¼ 字数：227千字

2018年2月第一版 2018年2月第一次印刷

定价：38.00元

ISBN 978-7-112-21447-1

（30613）

献给我一生怀念敬爱的父母亲

如果我有独立思考，敏锐触觉
这可能是父母所赐
如果我是孤傲不群，放浪不羁
那肯定是后天培养

钟华楠

戊子端午 2008年6月8日于香港

挖蚯蚓 钓池边

曝书 初恋

离情 永别

这不是我的家园吗

不用再寻觅了

田园将芜啊

原作写于1990年

田园 将芜

钟华楠

我见过帝王的宫殿被焚毁

我见过庙堂的倾斜、倒塌

我见过宗祠变成颓垣败瓦

我见过学府的荒凉、荒废

在这个崩溃的废墟残迹中

我见到一座弃置古刹

古刹内有个凋零古园

古园内有个破旧古亭

古亭裂柱上有个斗栱

斗栱放射着闪闪金光

这古亭似曾相识

跪过亭台拜祖先

捉蝴蝶 看飞燕

自 序

这部书写了大半后，我才决定需要写一篇短《序》。希望读者先看《序》，再看书。理由是我会解释有关本书的姊姊书。

我必须敬告读者，这本书与拙作《知其雄守其雌——从可持续发展观点论中国建筑与城规特色》（以下简称为《知雄守雌》）是姊妹作，可以说，是前者的续集，因为这两本书都是围绕着一个理论中心——中国现代建筑、艺术以至生活方式，可以崇洋文明，无须媚洋文化。

《知雄守雌》是我与同年好友张钦楠学兄二人分别撰写的论文合印一册，文责自负：我的题目如上段所述；他的题目是《跨文化建筑——全球化时代的国际风格》。统一书名为《全球化可持续发展跨文化建筑》，由中国建筑工业出版社于2007年在北京出版。

拙作《知雄守雌》已由香港商务印书馆以繁体字，并由香港同行罗庆鸿先生加"导读"及由他绘制的插图，于2008年10月在香港出版，简体字书名为《城市化危机》，内容没有变动。我不是想在这里替拙作做广告，而是在这本新书《大国不崇洋》中，有部分理论在《城市化危机》已经论及，但有些重要部分，还须较详细深入补述，甚至不厌其烦重述一遍；有些理论有新的看法；有些新理论却受前者启发。所以，如果阅读过《城市化危机》，或有一册在手，《大国不崇洋》便比较容易接衔，可以说后者是《城市化危机》的连续和延续，但《大国不崇洋》绝对是一本独立的书。

其次，就是本书后有"附录"，多是文中述及的有关资料，其中有我个人的意见，可以与正文一起看，或阅读全书后再看亦可。

谨此敬告。

2011年冬

目 录

第一章

题解

在香港，洋建筑师司空见惯。我的数十年好朋友和公司合伙人便是英国人（已离世）。我们的设计精力，百分之九十九都是集中在解决建筑物功能上和适应土地环境的问题，合逻辑和经济的结构，快捷而安全的营造方法，建材美观耐用，人流畅顺，采光通风，尽量取之天然等。很少着意或顾虑到什么风格、潮流、历史时代形式等时尚目标。我们相信，能够解决重要的功能问题，"美"的问题，便自然解决。

1.1　前言

1.1.1　本书目的

从《大国不崇洋》的书名可以略知内容是有关中国崇洋的事情，但主要是由我较熟识的中国现代建筑文化的崇洋说起，开始了一条长达30年的迷惑路。众所周知，中国（当然包括台湾、香港、澳门）目前的崇洋媚外心态与行为，已不仅限于崇拜、追随西方现代建筑设计、室内装饰，而是包括仰慕、抄袭所谓西方古建筑风格，西方古城市风貌；我们再环顾一下，崇洋媚外更包括由可口可乐、麦当劳以至婚纱婚礼、品牌用品等日常生活物质与形式。如果我们跑进高等学府，学生可能是受到一代又一代一些留洋回国当老师、教授的感染，从理科到文科，也可以感受到崇洋的普遍存在。崇洋文明与洋文化的意识形态也表现在民间以至文化界。百分百的中文书籍，亦给予一个英文书名，揭开书看看，内里一句英文却没有。有之，亦只是一个从天而降、没前没后、突如其来的英文字CONTENTS，但在目录下连一个英文字也没有。有些中文书籍更荒谬，把英文书名的每个字的第一个字母，合并在一起，作为封面设计的画面主题。可能封面设计师以为这样的abbreviation（缩写词），如通用的WC、GDP、DNA、BBC、CNN、CCTV、USA、UK或PRC等，读者见到这样的"缩写词"，便自然知道全文的意思！举一个不幸的例子，以我和张钦楠著的《全球化可持续发展跨文化建筑》，封面设计师没有向我或张钦楠征求意见或和我们商讨过，在封面来一个比中文书名的中文字大两倍的英文字母GSDATA，并套上夺目的鲜红色。我在香港收到了作者本后，老花眼一时找不到中文书名，更找不到作者名字。仔细查阅察看下，才发现在一行以红色作底色中以较细白色字表现，用篆刻的术语是"白文"为书名，而作者名字比书内的字更细。正在百思GSDATA不得其解，在封底却发现了谜底，原来设计师把我们的中文书名翻译为：

Globalization, Sustainable Development and Transcultural Architecture

我才恍然大悟GSDATA的来历！张钦楠来信给我解释，这是国内一般年轻人对英文的时兴与崇拜，是英语文化潮流。我说如果这是真的话，可能有了英文书名，甚至几个字母，销量会增加亦未可料。我后来还用GSDATA的（DATA），即"数据"，作了一些笑话自娱，如：

Genocide Sucide Detection Allegation Tendency Assessment

Genetic Sexual Deficientcy Alergic Tests Accountability

Groble Senior Detectives Armoury Tectical Association

Giggle Stimulant DATA

Giddy Sensitivity DATA

我全无恶意取笑这位封面设计师，只是想在这崇洋历史时刻，找一个非常具普遍性而又有切身经历的实例——时尚英语潮。面对这个席卷中华大地的洋浪潮，我不是要提倡或鼓吹一律抵制或反对进口的舶来品，而是要在接受外来的东西时，先要弄清楚哪些是文明，哪些是文化：我认为大部份文明可以接受，或需要接受，大部分文化无必要接受；哪些在接受、采纳以后，我们可以利用它、享受它、同化它；哪些在接受、采纳后，它可以利用我们、分化、奴化我们，同时，在做出选择后，不需、也无须放弃，忘记或轻视自己的固有文化，或对传统文化不经意地加以漠视或贬值。

中国在几千年历史里，不知经历过多少次外族入侵、多少次把国土局部或全部占领和统治，或中央政权无能管治全部国土，不知多少汉人与异族通商、通婚，带来了不知多少异族衣冠文物、文明与文化，融入主流汉族文明与文化，不知多少朝代都以统一这个"土地广阔、民族众多"的中华大地为崇高的任务和终极目的。几千年来各地各民族经过不知多少次大大小小的争夺分裂和结合，小分裂后小团结，大分裂后大团结。生活在这片大地的民众，经过几千年的同化混合，绝大部份已无分彼此，都被称为华人、中国人、炎黄子孙，绝大部分以自称为中华民族为傲。在这几千年中，可能是基于顽固的古老哲学、世代相传的古朴民风和人民智慧，也可能是"地广人多"（其实地并不广，因为耕地不多，很大部分属黄土高原、沙漠、崎岖山区、不毛之地；而人多者，大部份聚于沿海区域和鱼米之乡的大小城市，以致人口密度达到不理想的高度）等等因素，长期以来，中华民族能懂得对外来东西如何抗拒、选择、接纳、同化。经过像物理变化和化学变化的作用，经过或长或短的取舍过程，都能够在同化后，把这些外来东西，蜕变为带有点中华文化特色的新芽嫩绿混合体、新品种；如一般老百姓信奉的宗教，都是含有儒释道元素的一种中国特有的综合体宗教。中华文化继续生存壮大，继续发展，仍然能够保持一些源头性的、基础性的重要中国特色。

近世纪的以夷制夷、以俄为师、全盘西化、洋为中用、现代化等各种理论、争论、运动与推行，但多限于政经层面人士、知识分子、上层社会、某部分都市人口，而大部分农民（即约占全国人口80%强）不明所以，只知日出而作，日落而息，连老外的面孔、什么高鼻子也没有见过，大可置身其外。

可近三十多年来，一方面是改革开放，一方面是西方通信科技突飞猛进，传媒机器对他们出产的消费品、娱乐声影视听、生活模式、政治信仰、宗教布道等西方生活形式及价值观，透过影像语言音乐，无时无刻、无孔不入地大肆宣传，全球人类，尤其是新富一代的准大国，应接不暇，仰慕不已。中国30年来由于改革开放的成果，正进入小康社会、大国途中之际，无论城市农村，大部分人家都有电视机或收音机，户外有手提收音机和电话。互联网已开始普及，互联网人口已迫近6.5亿❶。除此之外，大城小镇公共场所、公路网、火车厢内、火车站、铁路网、飞机场等，无不遍布日新月异、五光十色的广告——极视听讯息空前之发达！经济发展，消费力增强，更易受其麻醉剂般的广告效应熏染，像被催眠般陶醉于西方物质文明、娱乐文化、休闲消费之浪潮梦幻中。初由衣着、鞋帽、手袋、饰物、化妆品、手表等较小对象开始，然后升至汽车洋房，官民一致，上下一体，仰慕欧美古今洋建筑和古城市风貌，达至崇洋媚外的程度。我认为这是一种对洋文明、洋文化、洋广告染上了文化流行性感冒，应及时作出警惕，发出警号，加以取舍，包括我们某些学人不管对我们国情是否适合，热心翻译、推崇西方学人有关文明文化理论。

中华文化和中华人民有史以来从未受过洋文明、洋文化这样大幅度、大深度、长时间地入侵和大包围；与此同时，中华人民有史以来从未有过这样的富有（比较上）、从未有过这么庞大的购买力；中国国情上有史以来对洋文明、洋文化从未有过这样深度诱惑的危机。我个人能力和说服力有限，只能说感觉不舒服，第六感觉有危机，不能不写下这些感觉。可能是杞人忧天、不自量力，仍希望会及时唤醒一部分人，对外来文明文化加以辨认取舍，能撷外邦精华，摒西洋糟粕、恶习，对传统文化加以学习、爱护、保护、采用、发扬。

有些外来文明和文化，可以增添我们的生活色彩，令某些呆板的生活方式，可以多样化、趣味化，不但不须抵抗或反对，而且还要加以认识、欢迎、培养和改善、改良，来适应自己的文化。随便

---

❶ 依据《CNNIC：2015年第35次中国互联网发展状况统计报告》的数据。

5

举一些例子：中国沿海城市，包括香港、澳门和在台湾的大城市，很多老百姓的早餐都是中西混合式，有馒头、稀饭、汤面、炒面、麦片、饺子、番薯、土豆、青菜（煮熟的菜蔬）、沙拉（英语salad，即未经煮熟的生菜和蔬果）、面包、黄油、奶酪、果酱、咖啡、加牛奶和糖的红茶、中国茶、果汁、豆浆、酸奶等，丰俭由人；有经济能力、有胃口的人可以加上鸡蛋（煲或煎）、煎烟肉、火腿、香肠、法国鹅肝酱；有钱人还要加上煎鲜鹅肝、俄罗斯鱼子酱等，多姿多彩，应有尽有，各适其式。第二个例子是，电影业是外来文明和文化，中国电影业能采用它，创造出有中国风格、中国特色的电影，与西洋的截然不同，另创一格。第三个例子，这本书我是用西方发明的计算机写的。首先，我们不但要学习用它来收发电邮、上网和写英文，与西洋文明文化接轨，更加发明了如何利用它来写中文。其他还有飞机、轮船、火车、汽车、皮鞋、西服、西医等，早已融入我们日常生活中；外国文化如外文、外语、外国小说、外国文学、油画、外国民乐、外国民歌、外国乐器、外国流行曲、外国古典音乐、外国歌剧等。接纳这些外来文明与文化，不但方便了我们的生活，而且丰富了我们的生命。对我个人来说，外来文学和外来音乐，尤其是俄罗斯、挪威、爱沙尼亚、法国等，对我的成长很有启发作用，特别是那些在中国文化里找不到的。

但在采纳和改善了用它来适应我们的生活方式后，我们不需、更不应该轻视或放弃中山装、布鞋、书法、水墨画、少数民族服饰、各族民歌、地方戏曲、梆子、京昆曲、中医学、中医药、中国国学等。这是一个在没有文明矛盾，也没有文化冲突的原则下的采纳和享受。我在这里先作出这个声明，是便利以后在文章中作批评或评论崇拜西方文化时，不用重复这个原则。

外来文明如自由、平等、民主等概念是属思想范围的东西，思想对封建的中国，冲击比较大，影响比较深远，接受、蜕变和同化需时比较长。但正因为这种新潮自由思想的澎湃，才能推翻封建统治。可是所谓民主思想，不能实时适应五千年古老历史的中华文化，带来了极不稳定、全国波动的军阀时代、复辟时代、临时政府、国民政府。在列强瓜分国土、国共内战经年、内忧外患、国难连年的危情下，引入马克思主义，加上毛泽东思想，才产生了新中国。再经过30载波折，邓小平才创造了"有中国特色的社会主义"，再经过第二个30年发展到目前的情况来看，我简单理解它为一种由国家有选择性干预的市场经济体系。这个西方文明、共产思想、改革开放，经过多少血汗，掉了多少头颅；多少人工移植、改良实验、加入地道肥田料、本土培植，才开始适应在古老的中国泥土生存；赔上多少性命、多少艰苦岁月，中国文化才能开始同化它，所以我们应该耐心继续共同改善、试验、理解它、热心珍惜它。过去30年已经历了多方面的、成功的政治、经济改革，民主改革尚需一段时间。

目前，这个同化作用仍然在继续进行中，如中央权力下放、推行有限度的私有制经济、国民可到外国升学、旅游等；政府不断地接受考验，如在什么情况下可以包容异己意见，容许言论自由、出版自由到什么程度，什么情况下可以容忍及准许民怨宣泄。虽未能满足所有国民的所有要求，但政府的宽度、包容度、容忍度，比起30年前，已有很大分别。在数千年的封建制度、官民对垒、人口全球之冠、民族众多、贫富悬殊、统治阶层的知识和道德水平不一、贪官污吏仍然存在的情况下，列强和邻邦仍是虎视眈眈，趁机从外渗入国内，制造危言、危机和动乱，造成民族分化、民族对立、官民抗争、社会不稳定等等事件与对峙局面同时存在。在这样的国际形势和国情下，政府不能不以国家社会安全和稳定为首要，万事避重就轻，以大局为重。但单从某些歌曲和电影的解禁、记者采访和报道、电视传媒广播、报刊书籍出版的自由度看，比起20年前已有天渊之别。如果用这个20年的进步与进度频率计算，我相信自由、人权、平等、民主、消除特权、政府高透明度立法、施法、施政等人民夙愿，不久便会来临，因为这是唯一可以持续发展的路向。

从另一方面看，在采纳、改善、同化西方自由、平等、民主思想过程途中，我们不需要背弃古老、古典文化。试看曾被打倒的昆曲、京剧、四书五经、孔子不是又回来了吗？不但在中国如此，在20世纪末、21世纪初，《易经》《道德经》《论语》《孙子兵法》等古籍，尤其是孙子和有关风水的书，已风靡西方，翻译为多国文字，充满各大书店市场。孙子和风水书已经常有西方人士作者，图文并茂，广为宣扬。中国古典文化书籍已开始有了前所未有的翻译数量和出版速率；加之，学中文和学说普通话的普遍性，正迈向全球化的长途旅程了。到21世下半期，最迟至21世纪末，从文化角度推敲，我大胆预言"崇中媚华"之风，可能席卷西方！

目前可喜的是，中国除了对古典文学、哲学、艺术没有放弃，更加以普及和追求，最令人兴奋的是还有在文化、艺术等各领域，不断创新。

最可惜，最令人沮丧的是，在建筑设计领域，却是崇洋媚外之风盛行！

希望这本书能够解释为什么有这样的崇洋现象，协助对中国文化失去兴趣的人，重拾趣味；失去信心的读者，重拾信心，找回自我。

1.1.2 什么驱使我写这本书

可能是我的性格，喜欢直言，无论在亲戚、同学、朋友、社团，甚至在"米饭班主"（业主或甲方）面前，常常因耿直而失言，连友情或"米饭项目"也丢了！如果文中有得罪任何人之嫌，都是由于一向不懂避讳、避忌、避嫌之故。亦因为这一种不懂世故，不识时务的性格，北京一位深交了30年和我的性格在这一方面非常相似的老朋友，寄了一本书给我，当看到书名，我不禁失声大笑！这本书的题目是：

《中国文人的非正常死亡》（李国文著，民众文学出版社，2006）

看完这本书后，觉得很多位非正常死亡的文人，都是我值得崇拜仰慕的民族英雄，并且希望有他们任何一位百分之一的智慧和勇气。该书作者在"再版前言"中说：

……中国文人有一种奇特的品性，无论其为大名人，还是小名人，无论其为好死者，还是赖死者，应该说百分之九十（九）点九，都以维系数千年的中华文化之己任，绝不敢让这一线香火断绝在自己手中。也许每个人的贡献有多少之别，努力有大小之分，但都能尽其绵薄，报效祖国母亲。尤其那些"铁肩担重任，棘手著文章"的佼佼者，为主义献身，为真理舍命，为民族大义而洒尽热血，为家国存亡而肝脑涂地，以"头颅掷处血斑斑"的书生意气，与暴政，与侵略者，与非正义，与人吃人的制度，与一切倒退、堕落、邪恶、愚昧，奋斗到生命最后一刻者，从来就是我们这个民族的骄傲。

如果没有这些精英以坚韧不拔、前赴后继的意志，继往开来，以历尽厄难、矢志不坠的精神，发扬光大；没有他们在暴政的压迫下，在战乱的摧残下，在文字狱的恐怖下，在掌握政令牌的帝王和不掌握权杖的人民大众联合起来以毁灭文化为乐事的无知愚昧统治下，还能够坚守文明，珍惜传统，还能存灭继绝，薪火相传，恐怕以汉字为载体的中华文化，早就像古埃及、古印度、腓尼基、两河文明，乃至玛雅文化一样，消失在历史的星空中，成为绝响了……

我不是大名人，也不是小名人，根本连一点文人气味也没有（不用说气质了），只能说，我的性格仰慕中国文人那种奇特的品性，学习珍惜传统、薪火相传。但我相信，如果我生在作者所述的文人那种时代里，早已不知遭受非正常死亡多少次！

我这部书写到大部分后，觉得非常吃力，也感觉到出版后不会受一般读者喜爱，也不会讨好任何人。生活了四分之三个世纪，仍在学习写作，除了余勇和愚勇的理由外，就只能以维护传统中华文化为己任来自我解释；也可能是透过父母、祖父母，或曾祖父母，或远古的祖先，我血液里遗传着、流着少许中国文人那种奇特质量的基因，驱使我做在古时可能导致非正常死亡的傻事。

这种责任或任务感，在季羡林著《我的人生感悟》（孟昭毅选编，中国青年出版社，2007，第4页）有精确的论述，作者说：

"……在人类社会发展的长河中，我们每一代人都有自己的任务，而且是绝非可有可无的。如果说人生有意义与价值的话，其意义与价值就在这里。"

但是，这个道理在人类社会中只有少数有识之士才能理解。鲁迅先生所称之"中国脊梁"，指的就是这种人。对于那些肚子里吃满了肯德基、麦当劳、披萨饼，到头来终不过是浑浑噩噩的人来说，有如夏虫不足以语冰，这些道理是无法谈的。他们无法理解自己对人类发展所应当承担的责任。

话说到这，我想把上面说的意思简短扼要地归纳一下：如果人生真有意义与价值的话，其意义与价值就在于对人类发展的承上启下、承先启后的责任感。

我不是愚蠢到冀望能成为什么中国脊梁，亦自知绝对无能承先启后，只觉得我这一代有自己说自己话的任务和责任感而已。我每次把这种责任感和同业、朋友认真地或茶余饭后式轻松地说说，也收到多次‘夏虫不足以语冰’效应。我今生已属初冬之年（春夏秋已过），不是怕死，而是觉人生脆弱，随时随地生命可以不由我控制延长留恋在人世的时日；况且人生之终结，不择年龄，所以才有尽快把心中的所谓责任感写出来的迫切，希望读者了解，长者甚至有同感。

不知多少年前，我已决定要写这本书，包括某些信仰、理念和潜伏在心底的理论，等候着要写的；有些内容，在其他文章已发表过，可能在这本书里有重复。但半个世纪以来写的不多，出版了的更少，如果是靠稿费或版税为生，早已饿死好几次了。主要原因可能我不是职业作家，不靠写作吃饭便没有迫切感。其次，是我思考和书写都非常慢，拿这本书来说，已经思考了六七年，书写了三四年。第三，由于本书所讨论的主题，是与近30年来的社会现象有密切关系，要反映这些社会现象，便要靠新闻、靠传媒。而这个21新世纪以来，在世界各国，尤其是在2008年的中国、以至西方世界，"突发"的大事，实在太多。刚刚以为写完某段、某事，突然发生了某种事件，不能不把某段、某事更正、延续，甚至重新再写或删掉。如此写下去，便像写日记，即写到自己生命完结那刻，才算完结，因为无能再写；但世界仍然会继续生存，世事仍然会继续变迁。我只想在这个大时代里，尽一点绵薄之力。

1.2 "大国"的矛盾

从军备上看，如果中国有智慧在过去30年不急于追随着美国，拼命地、盲目地建制航母，为什么在建筑上，却缺乏同样的智慧，30年来急于去模仿、抄袭、追求兴建摩天大厦，甚至索性聘请欧美著名星级建筑师来华代笔。是否以为高科技、超高层、借来的新意象建筑物，就是代表先进国家达到了现代化的里程碑，是现代建筑文化的华表？！

在大国国防的现代战略和战术上，兴建航母是迟早必然和必需的军备，它不但是用以防卫沿海国土和领海，更是将来远洋战斗舰队的重要成员、保卫我国在公海上的航运、往异国接回撤退的中国公民及侨胞的利器。但大国建筑不见得有何理由要兴建超高层大厦，或持续竞争拥有全球最高的建筑物，因为它不是大国必需的设备。在国民仍然处于贫富越来越悬殊的国情下，这种莫须有的追求是近乎暴发户对富人形象的虚荣或严重自卑的补偿掩饰。

中国自改革开放以来，经济发展迅速，政治气候和社会状况，两百年来、甚至康熙盛世以来，从没有过这么安定。在国际地位上，举足轻重。美国的对华政策，由假想敌人，变为假想伙伴。正在从经济、政治、军事、外交等各方面崛起的中国充满自信的时候，不知何故在现代建筑文化上，却仍然是崇洋媚外之风盛行？

如果说建筑设计一半是科技，一半是艺术，那么，我国的科技，近20年来的进展，是有目共睹的。从物流、交通方面的制造和兴建，如火车、铁路、桥梁、远洋货船、客轮、战备至太空科技、人在太空漫步，无一追不上先进国家。至于艺术发展的成就，更是令人兴奋。中国现代电影，从一穷二白，籍籍无名，在10年内，一跃而跻身、进占世界级地位，荣获最高国际奖项。其他，如现代油画、雕塑、文学、体育、音乐，亦闻名海外并夺得各种国际奖项不少。中国传统及现代画家的水墨画和油画，现代雕塑，在世界拍卖市场，已获得空前高价。2008年8月报载：继《孙子兵法》漫画作者李志清于2007年夺得日本"国际漫画奖"的最优秀奖后，香港漫画家刘云又凭其作品《百分百感觉》夺得殊荣，连续两届由香港画家夺得大奖。必须说明，中国人在西方国家拿到艺术奖项，已是不易，在日本更是难上加难。至于时装，也有自己的民族风格，产品已进入世界市场，并在国内有相当销路，令国人穿上不觉自卑，反觉自豪，并在设计和物料上继续创新、影响国际时装设计，我绝对有信心在不久的将来便会成为世界流行品牌之一。

我记得从影评上读到首批最初获得国际奖的是靠20世纪五六十年代的古老摄影器材和暗室技术。中国电影在得到国际认同和赞赏后，不知何故，步向高科技，其作品不但没有艺术性，更趋赴西方流行文化的俗套，可能是想以夷胜夷，或可能想摆脱老套。以我个人的品位来评价，放弃中国地方风格、民族色彩、传统文化，只抄袭西方的高科技潮流，或加入西方市场上的时尚竞争大队伍，投人所好，或侈望青出于蓝，或争取票房世界纪录，但失去自己中国辽阔渊深、采之不尽的现实生活和传统文化基底，和中国特色的意境、锐气和潜力，像现代建筑文化一样，只能永远步他人后尘，不会走在前哨尖端，希望中国影艺人士能及早引以为鉴，回头是岸。

在改革开放后，这种种现代艺术的发展，很少与建筑设计同步，而是后于建筑起步，这是由于人民要住房和发展房地产经济较为重要，但却早于建筑达至创造的层面。不但如此，这些艺术（包括演艺）的创造，都是富有中国特色、地方风格、民族色彩的，更得到世界，尤其是西方的赞赏和认同。独独是现代建筑设计艺术，不但舍弃了中国特色，更是盲目追随西洋左右，崇洋媚外抄袭西方建筑，不伦不类。最不名誉的是，恭恭敬敬地敦请洋建筑师大驾光临，他们以高姿态出现，设计我们用的建筑物，包括老百姓的住宅，卖点无非是一些西洋历史某时代、某国家，杂乱无章的洋建筑风味。同时，中国自己在任何城市也有成千上万的建筑师等着雇用。

在香港，洋建筑师司空见惯。我的数十年好朋友和公司合伙人便是英国人（已离世）。我们的设计精力，百分之九十九都是集中在解决建筑物功能上和适应土地环境的问题，合逻辑和经济的结构，快捷而安全的营造方法，建材美观耐用，人流畅顺，采光通风，尽量取之天然等等。很少着意或顾虑到什么风格、潮流、历史时代形式等时尚目标。我们相信，能够解决重要的功能问题，"美"的问题，便自然解决。

解决功能不单纯是解决量化的问题。一般建筑物有外功能和内功能两大类。外功能包括防雨、防潮、防热、防声、防辐射、隔离冷暖气不致泄漏，有些特殊建筑还要防恐怖袭击等，还要考虑通风天然照明。解决这种量化或技术性的问题往往牵涉物料选择，无论什么物料，都有质感、肌理、线条和颜色，所以解决功能有解决"美"的成分。建筑物的内功能如四五十个学生走进一个教室听课，和2000个学生走进大礼堂听讲座，表面上是一个空间容量大小的问题。实际上是从学生由何处来开始考虑？是否需要先集合、后进入？然后才知道如何处理临时集合空间，这些临时空间灵活处理，解决功能之余，可能有宽窄高低明暗静闹的戏剧性空间变化，有些人称这些空间变化得好为"美"。容纳50人的教室和2000人的大礼堂，更需要选择适当的声学和布料物料，不能不考虑肌理和颜色，离不开"美"。其他功能，如照明也离不开"美"。建筑物内功能，需要牵涉到更多物料和设备，都是与"美"分不开的。

让我在这篇将会是相当枯燥的文章里，先加上一段小插曲。30多年前（20世纪70年代初）的一天，一位英国人K先生来电，询问我的合伙人，问他有没有兴趣为他设计一幢Tudor住宅房子？（注：英国从1779至1815年，由英皇亨利七世至伊利莎白一世女皇，这个时代的建筑风格，称为"都铎"，即Tudor）。拍档说："请你稍等一会儿。"他跑到隔壁我的房间来，问我认识K先生否？我说认识，并警告他K先生和夫人都很鄙啬，我三个月前寄出的设计费（替他们设计过一些东西）小账单，他们还没有支付。他说："好，我要跟K先生开个玩笑，请你跟我来。"他对着电话筒说："对不起，要你等。我考虑了，所有我们设计的住宅房子，都是two-door houses（two-door与Tudor同音），有两扇门的房子，起码有一扇front door（前门）和一扇back door（后门）。"对方当然明白这是拒绝承担设计他房子的讥讽语。我这位合伙人，就这样，以英国式幽默推辞了这个"历史性"的设计任务！

20世纪80年代，是香港经济蓬勃时期，请来各方西洋建筑师，设计各种类型的建筑物。一时间，香港成为现代世界建筑的展览场地。但是，香港已是经历了150多年的奴化教育，从小学开始便不注重培养中华民族精神、国家观念，不知不觉地对英、美的东西有仰慕感。在英国人的管治下，政府当然是优先聘请英国建筑师，其次是美国和葡萄牙（葡萄牙在明嘉靖三十二年——公元1553年强占澳门，比英国占有香港早331年）。第二次世界大战前，根本很少有中国建筑师；有之，亦只会受中国人企业聘请。政府和英资机构，绝对不会聘请他们，认为他们是次档的华人建筑师。可惜，时至今日，香港特区政府，甚至华人私人机构，大型建筑项目，仍是洋建筑师比较吃香，而且还要是"海外洋"，"本地洋"也不够吃香。可能，来港开业一段时期的洋建筑师，已渐渐失去了"原洋味"之故。所以，区域性设计或大型建筑设计比赛项目，参加比赛的财团，其建筑师团必须以海外洋建筑师为首、为傲，才能获得政府最高层及项目审批官员（全是华人）青睐，这不是被奴化的洋奴才又是什么！

至于一般香港富人，对洋建筑师，尤其是洋室内设计师，特别尊崇。对他们的装饰（尤是令他们相信或幻觉是属于英国或法兰西贵族的那种）非常向往和崇拜。如果再加上似是而非的都铎式、路易十四式，立刻可令某些无知的（既不知西方室内设计，更不知中国室内设计为何物）而又富有人家的太太们，神魂颠倒，五体投地。似乎相信，居住在由洋人装饰过的室内，他们便可憧憬，甚至类似，过着欧洲贵族生活的风采了。所以，本文所谈的"崇洋媚外"，当然是包括香港在内，不能让国内崇洋人士独领风骚！

很多大陆和香港建筑师看到这个现象，当然是酸溜溜的，多是心抱不平，口骂一两句就算了事，偶有执笔伐之，但很少花时间去研究。为什么会产生这样崇洋媚外的现象？据我了解，有些较年轻和有抱负的建筑师不是不关心这个光怪陆离的现象，而是无可奈何，即使关心又如何？反正，他们要糊口，要听命于雇主（建筑设计事务所老板），雇主要听命于业主（甲方）。目前，崇洋风气是强势文化，发展富有中国特色的现代建筑是弱势文化，香港、甚至大陆建筑文化情况就是这样。我认为建筑师应该要花些时间去了解为什么有这种风气？这种风气始自何时？谁人助长了这风气？长期助长这种风气对国家民族有什么影响？更希望能够由研究导致及早提出解脱和解救方法，走出这个崇洋媚外的困境与迷惑，这是我写这本小书的目的。

崇洋媚外的问题非常复杂，它涉及历史、政治、经济、社会、心理、知识、品位、审美等元素。对我来说，崇洋媚外主要原因可以概括为两点：其一，是由于好此道者，最先是把文明与文化混淆了；其二，混淆的主因是对自己的文化没有认识，或认识不深，对西方文化了解不多，也了解不够，导致有东施效颦、张冠李戴，甚至喧宾夺主的混乱局面，所以我要从文明和文化的角度尝试开始诊断，并佇望能够开些良方诊病和治疗。就算不成功，也希望能够找出病因，这是我写这本小书的动机。

1.3 "文明"与"文化"

以黄麻织布、以布蔽体、纺织技术是文明，纺织图案、衣服裁剪款式属文化；以水止渴是文明，品茗属文化；以粮充饥是文明，烹饪属文化；语言、文字是文明，话剧、文学属文化；哭、笑、叹、啸、乐器是文明，戏曲、音乐属文化；物质、技术、科技、对天文地理事物的认识、分析、理解是文明，哲学、道德观念、信仰宗教、传统精神属文化；从岩洞走出来，住进人造房子，是由文明走进文化。自有人类以来，人类从没有间断地利用技术、科技生产生活所需品，使人类走向文明；但与此同时，人与人之间对物质争夺，从没有间断过；所以人类之间的战争，亦从没有间断过，而且使用最新、最大杀伤力的武器对付对方。战争科技，亦即是战争文明，便成了人类的文化，这种文明便会把人类文化毁灭，甚至把人类推向灭亡。在这个物竞天择、以战争制止战争的文明世界，人类的将来便要靠古老国家的文化去熏陶和拯救。

文明与文化之区别

从辞典到个别学人，对文明和文化这两个名词，因立场和研究对象不同，定义有异。随着时代和场合不同，这两个名词的意义也会因而改变或增减。如现今说某人有"大学文化"，即是说，某人有"大学教育程度"；如果看见某人往地上吐口水，便说，这人不够"文明"，即是说，这人"没有礼貌"。为了方便本文的辩论和理论申述，容许我采取一个比较容易分辨的硬和软的简化办法，试用以一个两者最大不同点的方法作区别如下：

文明

自有人类以来，人们用经验和智慧，不断地设法使人类的日常生活，包括衣、食、住、行（语言、文字、符号、图案、交通、通信、咨询、信息、知识交流）等条件，方便一些，好过一些，温饱一些，舒服一些，环境卫生好一些，生理健康好一些。从这些目标出发，人类创造了越来越好的生活、居住和工作条件与环境，改善生产、教育、医疗、人流、物流、贸易、金融、货币、国际关系等方法、系统和组织；使人与人、国与国间，对衣食住行条件上、在物质资源分发上、在原料和产品交易上，成立惯例、规则、法律，使一个国家和国际之间有法可依，有例可循，尽量达到公平及和谐相处。这个理想和实践，便是人类的文明。

所以，文明的含义，代表人类对大自然规律的理解、发现，如何经过发明以至利用；对人与人、国与国的相处如何管理和处理。文明成为我们每天生活中，不能不涉及和关注的事情。可以说，文明是人类生存及生活的硬件，而这些硬件是不断地在改善，这些历代改善过程便是人类的文明史。

文化

自有人类以来，最初是要面对充满危险的大自然。为了生计，天天与大自然搏斗，生命朝不保夕。对很多他们不能理解的现象，自然会产生恐惧，但只能够用他们自己的想法和信念去理解。这些理解，可能就是原始文化了。从原始民族起，对日常狩猎、捕鱼、采果、种植、畜牧等活动，以至后来的买卖经营、事业发展等谋生活动，都寄望安全，祈求丰收，祝愿顺利成功。在日常生活中，无论欢欣庆祝或悲伤哀悼，都会很自然地作出歌唱舞蹈、祝词拜祭、祈祷祭文等仪式。后来发展到诗、辞、歌、赋、记事等历史记载和文学、戏曲等创作。其目的不外是希望记事寄情，祈求风调雨顺，国运亨通，族人团结，子孙兴旺，如意吉祥，事事成功，以表记哀、怒、喜、乐情怀，鉴古识今。从这些信念出发，人类便有因地理环境，风土习俗，创造他们的艺术、绘画、雕塑、音乐、文学、信仰、道德理念、哲学和宗教。这些表达感性的思想与行为，便是人类的文化。

所以，文化的含意是代表精神、祈望和信念，寻找怎样才能使环境美化一些，心理健康好一些，生命怎样才能够比较有目的一些，有理想一些，有意义一些，有使命一些。可以说，文化是人类生命的软件，而这些软件是累积的，历代的累积便是人类的文化史。

一个民族需要文明更需要文化

一个民族的生存，有赖文明所提供出来的衣食住行生活要素，文明可以提供有关的防卫措施，抵御外族的欺负。

一个民族的延续，有赖文化提供出来的价值观和信仰共识，文化是维系一个民族的持续相互沟通、共识与团结，是一个民族的精神（其实

"灵魂"比较贴切，但现代人却因它抽象而少用）。这个灵魂附在民族的形体上而生，当这个民族抛弃自己的文化，便失去了灵魂，剩下来只是一副躯壳。近代每有民族放弃或失去自己的文化，如第二次世界大战的德国和日本，近如中国的"文革"时期，都不单是没有灵魂的躯壳，而且是多么恐怖的魔鬼躯壳！

地球上各地有不同但永恒地变化着的文明与文化

文明英文是civilization：意即礼节、礼貌、法律和更深一层的意义，便是生活的艺术。文化culture：意即人工培养、培植、耕耘、教养，指人类文明的思维、信仰、精神部分。

在未有人类之前，先有地球，而地球存在了若干年后才有生物和人。所以，先有其地，后有其人。其人要生存于其地，便产生了各种适应其地的生存方法；这种种方法便是人类文明的开始。又过了若干年后，人类想子孙延续、族人旺盛、代代相传，这些希望，尤其是代代相传的念头，便是人类文化概念的始祖。又过了若干年后，除可满足温饱的物质文明外，更有仪表礼貌等与生存没有多大关系的另类文明，这就是精神文明。所以，地球上各地的人，因生存于不同的地，便产生不一样的文明和文化。

联合国早已体会到这些重要的人类特色，极力提倡及实行保护这些文化特色，希望能尽量保持这个世界原有的各种多姿多彩的特色。

人类的历史，就是一部人类文明与文化进化史。中国历史文明文化源远流长，多姿多彩，各时代产生及需要不同的文明与文化赖以维持生存和延续民族的代代相传。改革开放便要注意与其他文明的接轨，从国际外交到旅游，有些是很重要，有些是不太重要。

有关近年内地和香港的文明事例，请参阅《附录1》。

文明国家侵占他国古已有之

文明与文化之所以容易被混淆，是因为它在某一个阶段时是"文明"，过了某个阶段，文明便蜕变为"文化"；当某种"文明"被大部分族人或社会认同，并加以实行，这种文明便成为该族人或社会的"文化"。宗教、哲学、信仰、道德在部落文化时期，可能是属精神文明；被大部分族人认同后，便成为该族人的文化了。

随着人与人、族与族、国与国的交往、通商、交通、通婚日渐频繁，各地文明与文化互有影响，这是一个很自然的物理或化学作用。但是有些国家对他国在交往、通商、贸易等活动上，采取不平等、不正当、甚至以强欺弱的手段，这种文明或文化便由交流变为交恶。

为了纪律、公平交往等目的，人类建立各种法律，包括国际法、国际公约等，希望能够减少或排除彼此之间的纠纷，尤其是武力纠纷。

法律、文明与民主

从以上这个观察，法律的前身是文明，然后蜕变为文化。但不同的"前身"，便会产生不同的文化。

根据北京大学传统文化研究中心，由袁行霈主编的《国学研究》（第五卷，北京大学出版社，1998），在《中国道统社会道德法律浅释》一文中，作者马小红，拟从道德法律化的历史沿革内容等元素，对道德法律化进行解释：先循《左传》中所述的"国之大事，在祀与戎"说起，继而说："受地域与生活模式影响，中国古代法律的起源，有别于西方。西方法律主要产生于由物品交换而演绎出的习惯、规则与契约中。中国的法律产生于祭祀与兵戎中。"

"国之大事，在祀与戎"。西方和中国在法律文化上已有分歧，西方认为中国法律有些原始、野蛮。到欧洲工业革命、人口东移、以致侵略中国，使中国沦为半殖民地时，列强把具法律性的不平等条约，强加在软弱无能的中国政府头上，国际法律由兵戎决定，西方文明又何在？

对崇洋媚外的人来说，最值得羡慕的"洋"就是以提倡民主、捍卫民权著名的美国，所以不能不花一点笔墨说说美国在这方面的发展。但是因为所占的篇幅不少，恐会把文章主流打断，有兴趣者请参阅《附录2》。

一些中国文化国际化的趋向

有些事物，是百分之百属于一国的文化，由于日常生活和贸易商业所需和现代国际交往，不同国家渐趋相同之需，或相同所好，尤其由于过去三四十年来，流行"文化交流"，使这些事物变为国际化，这是"国际文化"形成的主因。

最受全球民众所需的莫过于西方发明的信息科技，由电报、电话至计算机、电讯。几乎全世界的人，每天不能没有电话，手提电话面世后，更变本加厉。我们20世纪50年代留学英国时，除了急事发电报外，只能以书信与父母及家人联系，一问一答最快也要十天时间。现下只需几秒！西方文明已变成全球文化。

中国文化影响西方，最著名的莫如"中国菜"。筷子早已通行；煮中国菜用的"镬"，全球已用英文拼音字，称之为wok。据我所知，最早的西洋版wok，是由德国厨具公司造的，近年更有蒸炉设备。现在，以美国造的锅最好用，既可用以蒸、煎、炒、炸，亦可作为火锅用的锅。中国菜最普通材料之一是豆腐，最普通饮料之一是豆浆。这两样东西十多年前已全球通行，在欧、美洲可以在超级市场买得到。

很多西方人已知道中国菜比西餐较天然和健康，因为：1. 不加入牛奶、乳脂、奶酪、黄油等为主要配料，2. 蔬菜多肉类少，3. 炸焗少、煮蒸多，4. 饭前饭后喝茶。

同一时期流行的是中国茶，尤其是绿茶。40多年前由当时苏联科学家研究出绿茶可以抗癌细胞扩散后，香港的龙井茶叶突然涨价，而且买不到质量好的。后来才知道，日本出高价收购，从此龙井茶叶的产地、产量、质量逐渐失去控制。乌龙茶叶可以制成半发酵、半杀青的绿茶，不出几年后，乌龙茶叶的质量也失控了。最难了解的是，近10年中国茶商业化包装送礼盒，装潢华贵，有些还用名贵木盒，但从外到内只印上"中国名茶"，而不说明是什么茶，出自何地！这好比法国酒只印上"法国名酿"而不说明是产于何地何酒一样。有部分华侨索性买台湾乌龙，因为台湾出产的较有质量保证，虽然价格比大陆的贵。

可能中央政府，甚至地方政府，日理万机，不能顾及茶叶业。但是，茶叶业不单是有不可衡量的商机，而且牵涉国家声誉问题。更大的损失是：本来在19世纪可以当中国文化大使的，已给英国人转送给当时是英国殖民地印度和锡兰！最讽刺的是：美国可口可乐在改革开放后征服了中国，而印度、锡兰茶征服了世界。中国输出产品在21世纪，还要忍受外国的"质劣、有毒"等指控（部分有理、部分无理）及诬告和说三道四。其实，中央政府、地方政府应正视一切出口业和出口货品规格，因为这些货品，无论是大轮船、飞机或是几粒花生，都是代表中国。茶叶业为一个极有农、商、工业发展潜质的出口事业，更可继续和开拓中国饮食文化国际化的历史使命和责任，而且比可口可乐健康得多。

农历五月初五，全国上下流行吃粽子、赛龙舟，因为全国人民，无论干什么行业、职业，由城市到农村，知识分子到农民，男女老少，一致认同，屈原不只是一位爱国者，而且是为国牺牲了性命；他本人出生贵族，有政治才华，更有诗人的智慧，本来完全可以很安逸、很潇洒地享受一生。但正因为他的政治正义感和诗人的敏锐感，选择了对抗腐朽。以微不足道的个人力量，对抗强大卖国的贵族和国君，当然是以卵击石。放逐后，见国破家亡，含悲愤投江自尽。至今2200多年后，屈原不愧是中国在纪念历史人物中，最受民众敬爱的人；而端午节成为最流行的节日文化。近年赛龙舟，不但有外国队来华参赛，而且更在外国举行。这样，端午文化已变为跨国文化了。每年端午节，见到粽子之物，目睹龙舟之形，便想起屈原的精神；粽子和龙舟，便成了中国的"物形精神"。

国家民族形象文化的问题

但是某些物形精神，用得不当，对他国会产生反感。20世纪50年代，战胜纳粹轴心国的盟国以美国为首，几乎在全球各地驻军，游客也特别多。这些美国驻兵和游客，教育程度不一；有些以战胜国或富强国国民自居，漠视当地风俗、信仰，屡屡侵犯女性，向当地道德标准挑战，行为不检，高傲和看不起本地人，对本地文化视若无睹；常以口香糖、可口可乐、巧克力为美国物质文明之标榜，所驻、所到之处皆臭名远播。最不受欢迎的，是以富强大国，欺负贫弱小国的傲慢态度与行径。在20世纪50~60年代，在英国有漫画家Giles，常常以美国游客扮相作讥讽主题，都是因暴饮暴食至身形过胖、方脸、盖上黑漆漆的太阳眼镜、一字型宽口嘴边悬着大雪茄、脖子挂着几个照相机，穿短袖宽领大花图案夏威夷T恤，口说没有文法的美式英语。其实，美国游客也不多，只是他们爱大声讲大声笑，招摇过市，引人注目而已。

《丑陋的美国人》

两位美国作家——尤金·伯迪克（Eugene Burdick）和威廉·莱德勒（William Lederer）以小说形式写了一本名为《丑陋的美国人》（*The Ugly American*，1958年出版）的书，不是描述形象样貌，而是记述一个大时代中的美国人。时代背景是在20世纪第二次大战后的40~50年代，全球民族主义崛起，西方殖民地主义帝国日落时期。法属Indio-China安南（即今越南）城镇奠边府被越共包围，但河内和西贡尚未失守之时，美国军事援助法兰西反共之际，透过驻在东南亚某虚拟国家美领事的自大、无知、极具优越感之辈，嘲讽美国华盛顿政府在东南亚，甚至整个亚洲的外交政策和反共政策与本地国家的真正需求不接轨。美政府派到东南亚国家的人，没有经过起码的训练和学习，所以不知或曲解被派的目的，他们有些太自傲，但大部分完全不理会，也不付出时间去了解当地民众、文化（包括不学习、不认识当国文字、言语），不尊重当国精神领导者、瞧不起本地民众等，以致失败。借书中一位缅甸新闻工作者口说："不知什么原因，我在美国认识的美国人和在缅甸的完全不一样。当美国人到了外国，好像起了一种神秘的变化：社交上他们孤立自己，他们生活在虚伪中，喜欢高谈阔论和自我炫耀。"书中的主角是一位样貌近乎丑陋的美国工程师和他并不漂亮的太太。这对朴实的夫妇因为要帮助该国山区农民，便居住在简陋的农民房子中。他利用他的工程技术知识，帮助山区农民日常赖以生活之必需，那就是把低地的河水抽到处于高地的农田。更与该地一个农民合伙，靠利用汽车和自行车的废料，生产抽水机，利润平分。所以与该地农民相处得很自然、融洽。作者指共产党成功就是能够提供这些需要，认为美国政府应该多遣送这种人来东南亚，而不是那些丑陋的外交官。但作者没有提及最重要的问题：美国为什么要帮助东南亚国家？

《丑陋的中国人》

《丑陋的美国人》出版26年后，台湾著名作家柏杨也写了一篇名为《丑陋的中国人》文章，原文是柏杨于1984年在美国艾奥瓦大学的演讲辞。演讲辞他介绍自己："……我在台湾三十多年，写小说十年，写杂文十年，坐牢十年，现下将是写历史十年，平均分发。"柏杨1920年生，2008年去世。在艾奥瓦大学演讲那年是六十五岁。我手上的《丑陋的中国人》这本书（远流出版事业股份有限公司2008）中讲辞部分只占22页，但全书共有313页。因为柏杨名气大，而且演讲的内容相当部分很有商榷之处，引起全球华人反响也广，编辑把响应文章与柏杨讲辞一同出版，这是这本书很值得阅读的主要原因。

可能是中国文人某些品性，加上坐牢十年，讲辞中有些辛酸、悲愤、仇恨、抱怨、苦涩、牢骚成分，对中国人的丑陋有些偏颇、偏离。又是否因为在美国大学作客演讲（柏杨来美作客费用是由该大学和一华侨商人各付一半），而说一些恭维话给洋主人听？大部分的丑陋也好、缺点也好，世界上各个国家民族都有，丑陋、缺点就是人性的一部分，作者写的丑陋不单是中国人所独享。

亦可能作者对东洋人和西洋人文化，认识不够深入，又可能是时代不同，柏杨说的"死不认错"丑态，中国肯定以大比数输给日本人和美国人！日本政府篡改教科书，硬说没有侵略中国，日本横行东亚时期没有慰安妇这些丑事，更没有南京大屠杀这回事。日本1945年战败投降后至今，虽然经过中国、韩国政府指责，广大民众、受害人及当时驻中国的外国人目睹，甚至录像、摄影片加文字指控，几十年来诉诸于日本法庭多次，要求赔偿与道歉，日本政府居然毫无悔意，死不认错。美国总统布什卸任前访欧洲盟国对记者作临别赠言。全世界都知道美国攻打伊拉克的理据，是因为美国认为伊拥有大规模杀伤力武器；后来攻占伊拉克后，全国连垃圾堆也翻了，找不到一点儿大杀伤力武器；虽然害得伊拉克国民家破人亡，到处炸得颓垣败瓦，连自己美国官兵也死了不少，更陷盟军于泥泞，进退两难；海湾局势紧张，美国石油企业趁势炒作，乘机主导石油价格狂涨，祸及全球非产油国；布什仍说攻打伊拉克没有错。至于美国总统选举文化之胡为，本文已有介绍，不再在此赘述，只说出2000和2004两次胡为，没有人认错。人权高唱入云的美国，把伊拉克战犯从2002年关在古巴"关塔那摩"（Guantanamo Bay）的美国集中营，加以虐待，六年不审不判，由美国自己一手炮制的人权去了哪里？由于全球人权组织抗议反对，今年2008开始初审，美国政府仍说他们没有做错，因为这些不是战犯，而是"恐怖分子"！"死不认错"全球应该荣归日本人和美国人，非冠亚军大奖莫属，中国人望尘莫及也！

如读者对我们自己中国人弱点有需要认真研究，我会介绍解思忠著的《国民素质忧思录》，本文以后在第三章有较详细介绍论述。

有关中国国民形象资料，请参看"附录3"。

单从中国的旅游业和旅客数量看，中国和外国在文明和文化上的交往只会越来越频，并且越来越多方面。我们必须对陌生的文明和文化加以学习，加以了解。在这个学习和了解的过程中，我认为最重要和最务实的是充实自己的见识和知识，包括一些品位的常识。

在国际化的过程中，可以察觉到，比较聪明的国家，多进口外国的文明，少进口外来文化。在改革开放初期，中国多进口文明；到现下，好像吃了迷幻药，多进口外来文化。其主要危机在于渐渐地失去固有古文化。

我认为人类与其他在地球上的生物最大不同之处，是能够在文明与文化之间，取得相互平衡的发展；更重要的是，能够由文化主导去处理和使用文明。如果有一天，人类只懂得用文明管治、统治世界，人类便开始灭亡了。从这个意义看，人类的自相残杀史，也就是文明与文化的斗争史。

但是如果把人类（或大部分人类）的和平日子加起来，肯定比战争的日子长。这样想法，我对人类的将来，又充满了信心。

1.4 "建筑文明"与"建筑文化"

岩洞穴居是文明，岩洞壁画属艺术文化；以树干削成梁柱、以泥土用太阳热力或火烧成砖是建材技术文明，以砖瓦、木料建成有美感的房子属建筑文化；岩洞、砖木房子或摩天楼，是不同层次的建筑文明；中国厅堂院子、寺庙和欧洲堡垒、教堂属不同种类的建筑文化。建筑文明进步令人肉体上感觉得舒服些，使用上方便些；建筑文化给人精神上安逸感，和更重要的是认同感、身份感和归属感。

建筑文明可以全球通用，建筑文化不但莫须通用，更需要保存、保持各地、各民族的特色，令全球建筑文化多姿多彩，持续发扬各民族特色，保持建筑文化多样化。

如果读者认为以上对"文明"和"文化"的定义，可以接受，我们便可以讨论"建筑文明"和"建筑文化"的有关问题了。

建筑文明

"建筑文明"是指一切与兴建或营造建筑物的材料、技术与科技：包括从地下到屋顶的一切工序、工程直至完成。整套图纸有设计图、细节图（包括尺寸、建材、颜色等数据）；工地图、架构图及计算数据（包括地基、斜坡处理方法）；供水、电、气、排水等管道系统图（供电、避雷、电话、宽带、电视、防盗等线路系统图）；建筑设备图（包括冷、暖水和气、通风、照明、隔噪声等设备准则）；人流、物流（如火警疏散图及设备、电梯、升降机运输带和管道）；绿化设计（包括泥土成分、种植树林花草种类及树龄、移植时令及方法）等数据。除了以上的图、表、数据，还需要章程（建材质量）和合约（时限与造价），才算是一套完整的招标文件。然后招标；继而选择和委任承建商；承建商根据招标文件，施工并完成被委任的责任。以上的程序，必须经过该地的政府各有关部门，按照建筑法例及规则审核、批准、监管，直至工程工序完成。

绘制图纸方法、一切章程、设备、物料、架构、施工方法及期限等等，无不与科技有关；这些科技，日新月异，其目的是使建筑物设计与营造方法更完善、快捷、安全、耐用、价廉、坚固。建筑科技包括一切有关达到环保的资料和学问，使人做生活环境达到最理想。这个理想，包括使我们生活好过一些、舒服一些、方便一些、清洁卫生一些、省钱、省力、省时一些。换一句话说，"建筑文明"便是一切有关建筑的技术、科技、法律、管理等重理性硬件；硬件包括记录及写作富有逻辑性、经验性和实践性的手册及论文；手册及论文包括因种类（建筑类型）、因时（气候、天气）、因地（地点及地理环境）等数据及理据，而提供设计和计算不同的方法及程序。

建筑文化

"建筑文化"，一个民族的建筑文化，大部分是继承的。是指如何使建筑物和城市的设计和营造，适合我们的生活模式，满足我们对安逸和美的要求，达到一家和气、一族和平、一国和谐；人造环境如何可以提升我们的信仰和对生命的价值观。有关这些要求、希望和理想，当然是受到我们老祖宗的影响，因为这些学问和智慧不可能在一代形成，而是世代相传，每一代人，很自然地继承了上一代人对地理环境的顾忌和利用，生活习惯，安逸和美的要求，信仰和价值观。"建筑文化"是一切有关如何使建筑达到人对生活素质要求的知识和信念等重感性、幻想性、期望性、艺术性、信仰性等软件；这种软件在人类漫长的历史中多是靠口传，后来有了文字、符号、摄影的文明，便有建筑设计理论、宣言及预言。

由于科技的发达，大部分"建筑文明"可以通用于全球任何国家，但受经济条件所限，大部分"建筑文化"只适用和适合某些国家。举一个例子，无论是天主教堂、清真寺还是佛教庙堂，都可以有空调设备（属建筑文明）；但洗礼池、焚烧香火炉、释迦牟尼像龛、天葬台（属建筑文化）就不能胡乱随意设置。再举一个例子，各民族对地理环境的意义有不同的信念。古中国，对儒者来说，"仁者乐山，智者乐水"。如果对大部分草原游牧民族来说，他们不会明白这句话的意义。对中国在城市长大的年轻人来说，他们亦可能不十分理解。对全世界的老百姓来说，他们会明白"近山靠（吃）山，近水靠（吃）水"这个道理，这个道理包含建筑、生活、环境等不同文化层次在内。不同文化深度的听众领略不同层次。从不同文化背景（包括经济条件）看，同一国家，不同地域，育有不同的生存条件。同一事物，价值观也不同。

再举一个所需空间较小而文化截然不同的例子，东方人日常生活惯于喝茶，而西方人惯于喝咖啡和酒。我们家里多有一个固定泡茶的地方，哪怕是一小角，而西方人家里甚至办公室，也会装置有咖啡机，甚至有颇具规模的酒吧，或细小的酒柜。

先有其地后有其人

"建筑文明"和"建筑文化"的最早、最基本的先决条件，是地理环境：先有如此这般的地，后有如此这般的人，生活居住在那里，产生和发明如此这般的文明（包括不断地改善日常生活的硬件；语言、文字、技术、科技）；同时酝酿和营造出如此这般的文化（包括不断地继承和创造理想生活的软件；诗歌、音乐、舞蹈、雕塑、绘画、戏剧、品茶、酒、烹饪等）。建筑的滋养取自文明和文化，是科技和艺术的综合体。

世界各个民族，生存在不同的地理环境中，过着不同的生活模式，有着不同的祖宗、不同的历史、不同的信仰和不同的理想。由于不同的建筑材料、建造方法、气候、生活模式等元素，各地有不同的建筑物。换一句话说，也有着不同的"建筑文化"，这是一个必然而又很自然的文化发展和现象。

"建筑文化"是生活文化的一部分，地理环境相近的，人种相若的，他们的"建筑文化"，也会相似。因为他们的生活文化，比较相

图1　希腊雅典卫城山顶神庙遗迹
（建于公元前580年）

薛求理 摄

欧洲古建筑建材以石为主。石性硬，质
感冷，可塑性差，伸展张力不好，但压
缩力强，而且持久耐用，石梁及屋顶结
构放置在石柱顶上靠重量，没有木结构
建筑的柱梁榫卯结合。

图2　山西太原晋祠圣母殿（建于北宋，1023～1032年）

薛求理 摄

中国古代建材至汉多用石。至唐、宋转用木。因木性柔、质感温暖，更因其张力和可塑性，利于发展斗栱，将屋檐伸延使其远离支柱，使屋顶在视觉上轻盈，成为中国木结构最大特色。

似。希腊、意大利、法兰西、西班牙等国的"建筑文化"，大同小异；而中国、蒙古、韩国、日本等国的"建筑文化"，也是大同小异；这说明地缘、血缘与生活文化、建筑文化，有密切的关系。

无论生在天南地北，每个民族，对他们的老家，都有情感和偏爱，因为老家有家人、朋友、乡亲。无论那一个民族，离开了家乡，都会感觉寂寞。在异乡，不但见到的都是陌生人，就连建筑物，及一切自然和人工环境，都是陌生的，当然会引起异乡客的思乡情怀。假设你是这个异乡客人，从江南水乡移民到德国，除了想念亲人，你会怀念你家乡的生活模式（尤其是饮食）和住居环境（尤其是建筑特色），其中的差异，包括建筑文化的不同。换句话说，你怀念老家的亲朋和文化。

但是，如果小时移民，对家乡的人情事物，印象不深，没有什么可以回忆，当然家乡情比较淡薄；皆因生活习惯、模式尚未形成，对人工环境和建筑文化尚没有认识，与人的关系尚未够深刻。换句话说，他的文化意识，尚没有定型，还没有定性。

从一个大都市，移民到另一个外国大都市，异乡客也不会觉得太陌生。因为都市，尤其是现代大都会，有很多共同点：如人多、车多、噪声多、汽车事故多、高楼大厦多……加上这两个大都市内，少不了建有若干座地标性和超高层建筑物，就算是异乡客也感到似曾相识，因为这个城市和那个城市的"建筑文明"差不多；即使一个是纽约，一个是东京或浦东。

如果你出生和长大在扬州，移民到纽约，你便觉得纽约的建筑文化与扬州截然不同。如果我们把同里或丽江，与欧洲任何一条乡村或水乡（如威尼斯）比较，便会发现它们有天渊之别，因为它们有不同的谋生背景、生活背景和建筑文化背景。

从这个简单的道理中，我们便可以看到，利用建筑文明，不容易给予一个地方，一种独有的特征（characteristics）和身份（identity）。然而，正因为不容易，全球有经济能力的城市，都想尽办法，花尽金钱，去兴建一座或多座标奇立异的建筑物，如电视塔和全球最高大厦，显示和追求众多城市中特征和身份，突显与别处不同及高人一等。

而古老的建筑文化拥有无比的身份力量和固有特征，表现出很自然而又很强烈的个性。到过瑞士苏黎世，或是中国扬州的人，都可以看到这种建筑文化的自信和力量，不用建什么超高层或巨型天幕地标，不需有什么世界级建筑标志来炫耀市容。日内瓦最高的人造物是日内瓦湖中的喷水柱，而不是超高建筑物。

建筑文化有其他作用。两个世纪前的早期帝国侵略者，都刻意地在殖民地上，不断地兴建富有自己国家民族风格的建筑物；一方面以建筑言语使入侵者同心合力，对外团结；另一方面展示和炫耀统治者优越的建筑文明和建筑文化。

美国是一个多民族的国家，各国、各民族的移民，喜欢分区，各自聚居；聚居在一起的房子，便建成自己老家的风格，尽量表现自己的建筑文化。这种行为有两个非常重要的作用：一是表示住在区内的人，有相同身份；二是使区内的居民，团结一致。曾为殖民地的民众，移民到以前统治过他们的国家（如英、法等国），都喜欢聚居在一起；所以，有以各民族人种命名的区；如西印度洋人区，北非人区，伊斯兰人区，犹太人区，中国人区（唐人街）等。

在欧美的唐人街，牌楼和红灯笼，就是散居全球中国居民身份的认同标记，现代语为建筑符号——海外华人的图腾。只身初来的华人，在陌生的都市，只要看到牌楼和红灯笼，便像遇到了同胞，便不觉孤独，并产生莫名其妙的亲切、欣悦和安全感，这是建筑文化的感染力。站在故宫午门下，还可以感受到传统建筑文化的威慑力。

尽管我们生活在21世纪的建筑文明环境时空，建筑文化仍对我们，具有远古的图腾魅力。

1.5 中国传统建筑文化的一些特征

对一个民族而言：当大部分族人对某些事物的因果有共识，对道德行为的恶、好有认同，对真、善、美的欣赏有共鸣，对人生有认同的价值观，这便是传统文化构成几个主要元素。任何民族有自己的传统生活模式和传统价值观，受到大部分族人的共识、认同和欣赏，并赖以维系、团结、持续该民族的存在；因此，该民族的物质文明、生活模式和精神文化、生命价值观亦能继续存在。

传统建筑文化是一个民族经过世世代代生活模式、习惯、族例和一切与习俗、宗族精神信仰有关的行为、活动，以物质和形式表达，能达到满足和解决这种行为和活动所需的形体与空间。因各民族所需的形体与空间不同，各民族的传统建筑文化有异，并各有其特征。我国由于国情关系，没有及时把传统文化现代化，导致部分人们崇洋。

为什么要研究传统建筑文化

在讨论这个问题前，我想和读者讨论一个看似简单，实不容易的问题。我相信读者和我一样，常常会问自己："我是谁？"小时候，常常问父母："我们家族从那里来？原籍何省、何县、何乡？为什么我们姓钟，他们姓陈、姓李、姓张、姓黄、姓何？我们祖先在何时落籍在此地?"长大了便会自问:"为什么我的皮肤是黄色,他们的皮肤却有白、棕、黑?""我们这个大家族——中华民族——与其他民族有什么不同?"一个人对自己的源头总是有很多疑问,除了好奇心外,我们都认为找出自己身份是很自然的,是很需要的。

我的生活和生命不算经验丰富,但住过多个国家,也在很多不同地方生活过、工作过。我认为一个人与另一个人、一个民族与另一个民族的最大不同处或认同处是文化背景。一个民族与另一个民族的文化最大同异点是他们的语言、哲学、信仰。如果世界"现代哲学"趋向相同多、差异少,即特征和身份越来越少,便可以研究"传统哲学"。要寻找中华民族的传统哲学、信仰源头,可以用《易经》《道德经》和《论语》等古籍作代表,它与世界各国、各族的传统哲学异多同少,比较容易分辨出特征。要研究各国、各族生活模式,便可以考察他们建筑和城市形态。同理,如果要想知道为什么有些现代城市趋向相同多、差异少,便要研究有关城市对建筑文明和建筑文化的态度。越偏向建筑文明,忽视建筑文化的城市,便越相同,这些城市便趋向"同多异少"。中国城市在重建中,如要保留一些中国传统风格,不可不注意这一点。

为什么要研究传统建筑文化?我认为研究传统,就是研究自我的来源,寻找老祖宗的文明与文化,知道自己与别人之不同在那里。不是要增加自己的优越感,或减少自己的自卑感,而是要寻找自我——在历史上,人类文明和文化上的自我定位。经过这个历程,便知道我们自己文化的一些特征,与别人不同的地方。

如果能够在传统建筑文化里,找到特征,便可以在现代建筑设计上,自然或设法继承和持续发展发扬这些特征;不但可以把这些传统建筑文化,加以现代化;或在现代建筑设计里融入一些传统文化精神。同时会知道,在使传统文化现代化过程中,有哪些不足,设法补缺及改善。继承、发展和发扬传统文化，就好像植物和动物为了生存，必须适应环境一样，自然变形，是非常自然的自我要求；求改革、求进步、求生存，这是自然生态的进化，这也是一个民族生存的文化责任。

联合国为了鼓励各国保育自己的传统文化，设有世界遗产的申请和证书颁发。我国成功申请的世界遗产，已有33处，在全球处于第三位（见2007年5月31日《文汇报》）。❶

现代中国医学和医药的理论和实践，应给我们建筑现代学一个重要的启示。

据我所知，从大学医学本科开始，现代中国医学、中医药，早已结合中医学、中医药和西医学、西医药：既有中国传统望、闻、问、切的诊序；气、神、丹田、阴阳、穴位等医理；动、植、矿物等医药；推拿、按摩、针灸疗法的医术优良传统技术和理论知识；同时，更有西方的医学科学、科技（如外科手术、临床仪器、化验等）和不断的研究精神，以补中医的不足（或失传），使中、西医学相辅相成，相得益彰，秉承传统中医学药的文化，兼取西医学、西医药的文明。更可利用科技，改善和证明中医学、中医药，去中医学、中医药之糟粕，而又不失其特色。

同一理由，研究传统建筑文化，可以结合中国的建筑文化和西方的建筑文明；这样，对发展中国现代建筑，百利而无一害。这是研究传统建筑文化的一个很重要的目的。有了传统文化知识的基础，无论建筑文明如何先进，如何介入，都不会失去自我的身份，而可以延续古文化的生命，更可以使古文化和现代文明，相辅相成，促使现代中国建筑文化，提到更高的水平。

中国传统建筑文化最难捉摸而又最深奥的追求，有两大特征：一是

---

❶ 截至2015年7月，我国已有48个项目被列入《世界遗产名录》。——编者注

讲究"形态精神";一是理想住居环境要"趋吉避凶"的信念。在这两者之间，成功运用，可以使国家风调雨顺，国泰民安；达到最理想的中国家庭生活文化——家庭一团和气，和睦亲邻，子孙满堂，代代相传，万世其昌；农户年年丰收，六畜兴旺；商户生意兴隆，儒贾兼优；美化人为与大自然环境的追求，是要与大自然调和，草木欣荣，鸟语香花，使人身心安逸，达到天、地、人融和一体的境界。由这两种特征的追求，融在建筑的实体里，便衍生各种特色。在这里，特征是无形的精神，特色是可以看见的物体。

我深信，无论建筑文明怎样先进，如何发达，中国传统文化这两种理念特征，是不会过时，不会被淘汰的。

为了认识这些特征和特色，试探讨宫殿、寺庙、民居、园林和文字与环境结合（贯通以上四种建筑物的匾额及对联），作为例子。

宫殿

紫禁城宫殿，我在这里不赘叙人所共知的中轴线和建筑坐北朝南等特征；至于后（北方）有景山，前（南方）有广场，广场有人工河，由左向右流，亦即是由东流向西，而西属金，故称之为"金水河"；宫殿四周绕以高高的围墙，在传统的"风水"理念中，完成了"山环水抱，聚气藏风"的理想，亦有不少人洞悉。我想谈一谈一些建筑学者较少提出的心理问题。

凡是走访过故宫的人，可能都感受到住在这里的人，一定有安全感、安逸感、优越感。但对来探访或朝贡的人来说，一定有一种庄严的压力、威慑感、自卑感。如果你是游客成群结队前推后拥当然没有这种感受。紫禁城并不是设计给游客参观的。我第一次访故宫是在1974

年，除了二十多名香港爱国同胞赴京考察外，没有什么游人。在惊叹雄伟之余，亦感受到建筑物形成的威严。我在这里，简单地、概要地略述"物形精神"和"趋吉避凶"，在故宫设计中，蕴藏着这两种理念特征。故宫还有很多其他文明和文化特色，未能尽述，尤其是对风水的基本理念，只能推荐参看由于倬云主编的《紫禁城宫殿》（商务印书馆香港分馆1982年出版）。

刚才我用"走访"两字，不无理由。我到过故宫多次，每次都没有留恋的心情（后宫居住部分除外）。我被两种身份影响：一是庶民，一是建筑学人，但没有以"人"的身份参与。太和殿前的广场空空如也，无廊无树无留人之意；大殿除了皇帝的宽阔的帝位，无椅无桌无留客之情，只有"君对臣"之威严。在后宫的居住花园区，才能令我有缓步、细嚼的心情。而每次偶然缓步、注目，多出自由建筑师对历史建筑学的好奇心和求知欲。整座故宫的人造环境对我的感受，很有压力和威慑力：可能是我自己敏感，或是威慑式建筑设计之成功！

从我到访过的英、法、意、西、奥、捷、匈牙利、土耳其等皇宫，以至王室贵族的官邸，他们的雄伟建筑可能比故宫奢华炫耀，但不及故宫的庄严，也没有故宫环境设计的威慑力。最使我诧异的是，故宫皇帝生活空间比起欧洲的皇宫，显得朴素，但肯定较有品位。这可能是与中国皇帝多喜以文人自居有关，既然是文学家、绘画家、书法家，便应陶醉在富有文化气息环境里，品位可以高档，但不能对物质文明过于庸俗、过于奢求！

我希望史家和有识的同行，从实物、文献和遗址的研究中，能对"文人皇帝"与"非文人皇帝"的宫殿、离宫、行宫等建筑文明与文化，作出在奢华炫耀和清简幽雅上的比较，究竟有没有分别？这应该是一个有意义的研究和考证。

寺庙

在寺庙的设计中，我想以希腊雅典城的帕提农神庙（The Parthenon），与中国寺庙作一比较。该神庙选址位于城中央最高的山顶上，无论你跑到城的东南西北面，一抬头，便可见山顶上的神庙。这座神庙好像对仰望它的人说：

"仰望我，我就是主宰你命运的神。"

在欧洲，其他的大都市，以至小农村，教堂多选址在市中心。一般中古城市中心，必有教堂，邻旁有市政府和同业公会（Guild Hall）等建筑物，公会的首层，便是市场，代表了政治、宗教、经济的活动中心。由公元前5世纪雅典的神庙，至公元18世纪，欧洲城市教堂，都设在市中心。这种选址，说明在欧洲，教廷与皇帝，自古以来是政教相争、抗衡；选址不是便利信徒，而是代表了政教的统治势力，深入民间。

在中国，庙、观，多选址在深山，远离人口稠密、车水马龙的城市。神明好像对芸芸众生说：

"如果你要见我，你便要自己来寻找我。"

不同信仰，决定了建筑选址背后的文化。

改革开放后不久，我跑到四川重庆讲课，然后到成都一游。有幸得一位比我年纪大、精神比我好的画家，陪我登峨眉山。我们一边走，一边谈。他说，以我们的年纪和速度，肯定今天登不上"金顶"，但尽量走，休息要站着，不要坐下，沿途多看点风景。其实，他用"我们"，是出于礼貌，如果他不陪我，一个人肯定可以办得到。我留意到四五位婆婆，从山脚开始，便走在我们后面，有说有笑。不一会儿，便越过我们。我赶上去，恭恭敬敬的问她们是从哪儿来？她们说了一个地方名，我问这个地方在哪里？她们说，从那个地方到这儿来，要走3天。再问她们，是乘什么车来的？她们笑答，是走路来的，晚上睡在郊野，吃喝的是随身带的干粮和水。再问她们的年纪？其中一位笑答："我最少，83"。待我喘过气来，正要再问时，她们已经跑远了。对我这个当年只有60岁的年轻人来说，不得不感到惭愧。

寺庙选址，远离人烟，是有理由的。首先，是奉献神职的和出家人，远离五光十色的凡尘，所谓法门清静，适合修身修道于净土。其次，是参拜之途，艰途本身就是象征寻找神明、真理和信仰的考验；朝圣途中，也是净化心理和杂念的过程。

对婆婆们来说，她们可能等了三十多年，亦可能是因农务、家务等了一辈子，才能有这个机会，相约三五友好终于来到了这山脚，终于登峨眉山了！就是这种期待已久、才得所愿的兴奋心情，驱使她们年事已老的身躯，登山朝圣于"金顶"，全不觉劳苦。我跟老画家说出了我以上心里的话，他点头微笑。回港后不久，收到他赠我他自刻印章一方，上书：

"曾游峨眉览金顶"

虽然登不到顶，亦可说看到了。多年后，我乘电动吊车，真的到了"金顶"，但完全没有兴奋、激情，更不用说有朝圣的体会了！正因为不费吹灰之力，便到"金顶"，反而全不珍惜这次旅程，只以游客身份，到此一游而已。

寺庙的选址，除了要"幽静净土"，便是有寻寻觅觅的"空间层次"和扑朔迷离的神秘感，共为三个建筑文化特点。

欧洲教堂，无论大小，都是开门见山，一眼看尽、看透的空间。大教堂的室内空间比任何一间中国庙大得多，但是有两个不同点：一是中国庙是群体，而大教堂是个体，再大也是一个庞大的、单独的个体；如果不只一个个体，也是相连体。中国庙因为是建筑群，所以，多了建筑物与建筑物之间的空间或院子，不但丰富了功能和空间变化，同时，也强化了层次和宽度感，其次是欧洲大教堂内，只有像排列着队形的柱，做成深度，强化透视感和立体感；层次感，只在十字架平面的交错位，设置拱形架构，以分辨空间的功能，增加了层次感。但层次感比起中国寺庙的重叠空间，有点单调。但欧洲大教堂的高度，确是使信徒或参观者，唤起崇拜敬仰的心理；如果在参仰期间，有风琴音乐，更会增加参拜者的崇敬度，高度是欧洲教堂的一大特点。

中国寺庙的选址因多建于山，所以平面布局配合斜坡的地势，形成一进一进的建筑物，每一进，升一级。少者两进，多者四五进，才走到大雄宝殿。每一进的前后有院子，左右有回廊通道，有些还有左右耳殿。院子有香火宝炉，古树奇花。每进内有神龛，神龛内供奉佛像，观音、菩萨排位摆设，都是精心而又极为传统的安排：中殿释迦牟尼，后有背光，左右有大小弟子，金童玉女，左右殿供文殊、普贤，骑着或放在前面的象狮瑞兽；中殿背后供观音；供桌有鲜花、香烛、烛台、油灯台、鲜果、香茗、盒盆碟杯，琳琅满目；由高而下，吊着琉璃油灯，还有五彩幡旗，锦缎对联，刻木对联，目不暇接；加上焚香，香气盈室，烟缕悠悠，飘逸绕梁；喃喃经诵，偶有铜钟和音，如坠五里雾中，神龛的层次神秘感，带引我进入仙境！

醒来一看，神龛连供桌，只不过是两三公尺之深！空间层次感，由山门起至神龛，如出一辙；都是以增加视觉深度和幻觉，增加由视、嗅、听觉等感官上、精神上对神明的存在和崇敬，而对无神主义者的参观，做成心理上的神秘迷离感。敦煌唐代某些藻井图案，更有幻动感，很像20世纪六七十年代西方才流行的"幻视艺术"（Psychedelic Arts），在灯火半明半暗间仰视，不难产生动感幻象，这是不可思议的。

从中国寺庙与西方教堂建筑文化的比较，可以看到儒、释、道宗教，与西方基督教教廷，在传道上的手段，截然不同。中国传统的传道模式，是比较守势式的（passive），隐蔽的，低调的；如果你需要神，你便要主动去寻找，找到了还需要自己去悟。悟的过程好像进了一进又一进的建筑物，刚了解了一个层面，又有别一个层面；建筑与院子，又好比一实一虚，一虚又再一实；这是中国文化的器道并重和器道合一的好例子。"悟"字是由"吾"和"心"构成，是要用你心才能领会。

西方的传教模式，刚刚相反：比较主动式，直销式，甚至侵略式，就如教堂的一个大空间，讲道者直接传道给予听道者；教堂外采取渗透式，直接渗入各个家庭的日常生活。在20世纪初，西方人受了自由、人权和隐私权等教育和公民权益的熏陶，到了20世纪七八十年代，年轻人开始对教会传道活动和教条式的干预个人和家庭，渐有反感。有部分年轻人已反叛，不参加教堂和教会的活动，与传统以来便信教的父母，发生冲突。以前，这个原来是宗教问题，已演变成为家庭和社会问题了。

反观，中国的宗教信仰，几千年来，都是取低调模式，到现下仍与老百姓保持融洽的关系。这两种截然不同的传道模式，早已在建筑文化中的选址和设计特色上表现出来。

民居

氏族宗祠

中国民居形态甚为丰富，各地方有其特色。建筑文化不一：云南贵州靠山而筑，广东福建沿海岸而建，江南各省以水乡盛名，山西以大宅胜，各有千秋，争妍斗丽。近年旅游开放，历史名村陆续出现；以"千年古镇"或"天下第一村"为名者众。要指出其特征和特点不易，只能与外国比较，并以中国大多数民居特点述之。

我认为，如果比较中国与西方在建筑风格和形式上的异同，也会是很有意义的；但如果我们从文化层面去比较，便会更容易得出建筑文化的特征。

中国传统农村文化最显著的特征，是氏族文化（男性姓氏）。这个氏族文化源远流长，代代相传；而且，影响建筑文化甚深。从我的童年生活记忆中，乡间建筑形态最美，环境最幽静的，首推宗祠。祖先去世后，受到子孙拜祭，他们的灵位，被尊称为神位。所以，祖先与诸神并列。各村的族谱和祖先神位牌，视为全村最宝贵的文物档案。宗祠的选址，当然是要选最能代表同姓同宗同族的理想。这种理想，数千年如一日，就是"某门历代宗亲……世代昌盛……千孙百子……万世其昌……"因为祖宗地位已被升为神，所以纪念拜祭他们的宗祠设计，也与庙宇相似。但选址，却限于村内。宗祠设计的特色，是相当严谨的和保守的传统概念。即对称和中轴线，但也有出奇的和大胆的变化；如在我祖居之村庄，有一个祠堂是拜祭钟氏生祖的，故亦称"生祖祠"。此宗祠有三进，第三进前的院子，变为一个池塘。是否祈望"风生水起"？抑或用"水"以象征"生命之源"，用以强调这个"生"字？不得而知。但因池边有棵大树，池里有鱼，闲游于莲叶莲花之间，树荫之下，产生一幅悠然幽雅的景象，这虽是六十多年前的印象，仍是一幅难忘的图画。位置最高而亦是最大的祠堂，是拜祭钟家村的最老祖宗，称为"大祖祠"，"生祖"是"大祖"其中一个儿子。大祖祠前有一个广场，广场左右斜角筑有石建约一米半高乘两米方高台，台上有旗杆，以两石块夹在旗杆当中，但木旗杆早已湮没。根据《台湾传统民居建筑》作者郑定邦的考究，旗杆台是代表村里曾有了功名的人后才能增设的。整个建筑规模比生祖祠大，但在我的童年记忆中，没有生祖祠那么亲切和有诗意。

从南到北，都有氏族的"围村"，半月形的客家围，福建的环形围，到山西的大宅庄园，大如小城，设有城墙城门。城墙内，同是一姓，这是世界其他国家少有的。一家人，几代人住在一起，便发展成"围家""围村"。我们在21世纪的都市，可能不明白"围"的文化。直至新中国成立，围的功能，是对外防盗贼和异姓村民之侵，对内是团结统一、齐心合力的象征和实物；它有维护和保护村民的功能，并给予围内村民，对外一致的精神。所以，"围"是农民的团结保护图腾。

牌楼

另一种民居特征，也是受文化影响的，那就是平民对功名和贞节的尊崇，导致有牌坊的建筑文化特色。在欧洲，只有世传的贵族和由"马上得天下"的人，才能享有尊贵的地位，才能立碑建像。中国平民，则可以由科举考试制度，得到功名，由皇帝御赐牌匾，刻石铭记于村前入口处，加以表扬。可能受儒家的礼教影响，亦可能由于"古来征战几人回"的现实，有些寡妇不改嫁而自我了断，她们的贞节备受尊崇，而赐以牌坊，以纪贞烈，加以表扬。可以说，这是民间"华表"。

牌楼其他的功能很多：用以表示村名如"杏花村"；或纪念名人、

烈士（如"黄花岗七十二烈士墓地"）；名胜地（如广东新会县的"小鸟天堂"）；和历史文化点（如"兰亭"）；也可以用以说愿、言志和警世（如香港青山寺的"回头是岸"）；在外国的唐人街或区的入口处，亦可以写上"宾至如归""中华万岁"；广东各地，有临时以竹搭成的牌楼，以恭贺唱戏名伶的如"出谷黄莺"，"绕梁三日"；甚至商店的招幌牌楼有"童叟无欺"等。牌楼种类繁多，设计建造材料大江南北各有不同，功能各异，全国流行。在中国文字文化中，可以说，作用是"点睛"，但在外国建筑文化则鲜见。

牌楼在建筑设计上的功能，是加强入口的形象性、重要性，一连几个的可以加强方向性、深度和层次感。在未到达目的地前，给人一个心理准备，增加好奇、兴致甚至兴奋的心情及情绪。

封火墙

民居的封火墙作用是当一户发生火灾时，这道墙可以防止火头燃烧到邻家或邻室，是建筑文明。经过世世代代的兴建，把封火墙故意提得比功能所需更高、更宽一些，并加上各种各样的伸延和装饰，适合各地方风格追求的美观概念，这便成了建筑文化。全国大江南北和各民族的民居，封火墙的装饰设计也不一样，形状与装饰多姿多彩。研究民居的专家一看，便可以分辨出民居属那一个地方，那一个民族，各地的封火墙在功能上要求大同，但在设计上各地有民族、地方建筑特色的小异。

和睦亲邻

中国传统民居文化特征之一，莫过于和睦亲邻；几家人，三代人，坐立在小河岸边，鱼池荷塘畔，小街窄巷里，谈天说地，喝着茶，挥着扇，婆婆逗着小娃娃玩。这种现象，农村非常普遍。但在城市，大如上海的里弄，北京的胡同，亦可常见。和睦亲邻的文化生活模式，影响民

图3 澳大利亚墨尔本市唐人街牌楼

薛求理 摄

在海外的中国人，见到中国式牌楼、红灯笼、石狮子这些传统建筑和饰物，马上便有"中国人"的认同感，这是象征性的魅力。

图4　安徽省黄山市黟县宏村牛池
　　　薛求理　摄

各户门前至水塘的空间（新会县称之为
"塘基"）有和睦亲邻的作用，是中国建
筑文化的一大特点，这种"半私人、半
公共"的空间可在现代建筑及城市设计
中加以采纳和发展。

居设计，并促成了民居建筑特色：其一是"亦公亦私"的空间，如鱼池边、荷塘畔，小街窄巷。为什么说"亦私"呢？当一个陌生人跑进这种空间，他马上会感觉到被监视，被怀疑来意，被居民投以好奇目光，甚至被不甚友善地注视，好像这个人闯进了私人的地方。

南方属亚热带的省份，民居的两扇大门，日间常常打开，但有"小门"和"滑闸"可关上。"小门"者，乃精巧轻便的"短门"，门的下部，比门槛略高，门高大约一米半（门上门下透风），门本身有雕通的图案，设计目的是在半遮半掩的情况下，便于室内通风。但如果室内发生什么事故，邻居人听到或窥见后，可以开门救助；因小门没有锁，也无拴，只有环，扣在两扇小门凸出的门框上，任何成年人可以把环拿开，便可进内救人或救火。"滑闸"是在我不知其正名的情况下，暂给之名（广东话称它"挡笼"），也是木材构造的。除了四边门框外，全是以4~5厘米直径之圆形木条，横向构结于左、右框上，木条与木条之间，相距约20厘米。拉上滑闸后，通风、通光无阻，室内与室外的人可沟通，视听无碍。小猫、小狗可以进出，但小孩子不能爬出来。滑闸也是没有锁、拴，便于外人随时入内抢救。

可以想象，民居主人，多自食其力，男的下田上山干活，女的照顾孩子和家务，整天忙个不停，不免还要往村井打水，河池边洗衣；还要看天，下雨要收回衣服和五谷，难免要离开小娃娃，离开家门。不在家的时候，要靠邻里的嫂嫂，照顾门户和小娃娃。就算家里有爷爷婆婆，可能年老体弱的，不但不能看顾小娃娃，连照顾自己也会成问题。所以想出了小门和滑闸，一位嫂子，可以照顾几户人家。当然，住在那里的人家都像一族人一样，可以相互相助，可以户不闭门，在现代城市便没有这种文化。"小门"和"滑闸"的建筑特色，体现了和睦亲邻的民居传统文化特征。

我认为由和睦左邻右里、上下相互照顾、少壮协助老弱等优良民间传统所导致的、所形成的民间建筑文化特色最为真实、最为珍贵。如果建筑师注意到这些尚存的优良建筑文化特色，花一点思考便可以令这些特点重现于现代建筑设计里。

有关民居的其他特色，还有很多，而且图书介绍也很丰富，不用赘述。

园林

三度空间

中国园林设计，是最能表现中国人造环境特色的建筑文化。从文化特征来说，它是能以形象实现中国人的"天地人"的传统信念。中国人喜爱大自然，理想的居住环境，便是能够把大自然，融入日常生活空间；而这种空间，便象征了宇宙，生活其中，便实现了"天地人"为一体的象征和目的。

中国古典园林，是一种综合艺术与生活文化的结晶体；集建筑、园艺、雕塑、雕刻、绘画、书法等于一体。其中一个主因，是历代的园主，不但有财，而且有才，或是好才。朋友宾客中少不了才子，诗人墨客，诗词歌赋，琴棋书画；或"一觞一咏，亦足以畅叙幽情"；或"开琼筵以坐花，飞羽觞而醉月"；无不宾主尽欢而散。所以江南园林，亦称"文人园林"。

欧洲传统皇宫和贵族古堡与中国私家园林相比，私家园林占地面积比较小，且选址多处于市郊或在市区内，不像欧洲选在郊外，拥有十里洋场的气势和排场。从平面图比较，中国园林，除了建筑物有对称和有几何性外，其他是非对称和非几何性的花园、曲径和水池。与阿拉伯和印度的园林比较，最大的区别在于水池；前者多是四边直线的长方形、等边多角形或具有几何图案形，后者则为弯曲线的池边，池边还加上叠石、小桥、垂柳，形式千变万化，不一而足。

中国园林中的建筑物，不选建在工地的中央位置；欧洲宫殿和贵族堡垒，建筑物必选择最能以视野控制、居高临下、俯视全园的战略性有利地位。这种唯我独尊的心态，与雅典神庙选址的传统，以神为至高至上心态，同出一辙。中国园林的建筑物，选择位置，可以用老子《道德经》中的"知其雄，守其雌"的哲理去体会；让园林、水池占重要位置（雄位），厅堂建筑物置在边缘（雌位），人靠边反可以从多角度观摩，或围观大自然的变化；园主当然可以居中，但让位给大自然居中，人与居住环境，便可达和谐之境界。

欧洲的园林建筑物，无论多大，只有室内与室外两种空间。中国园林建筑物，有室内、廊和室外三种空间。廊是室内与室外的中介空间，它是从室内跑到室外或从室外走进室内的生理和心理缓冲区；这个半室内、半室外的空间，让人对内外温度、光线、声音、嗅觉等观感差异，或由静至动、从动到静的心态，得到缓和与调节。

从哲学上来分析，厅堂布置，讲究对称，坐分宾主、尊卑，可比儒家礼节。台、廊空间，无分彼此，比较自律自由，任随君意，可比佛家三昧。园林是大自然，既可"仰观天下之大，俯察品类之盛"，亦可以"游目骋怀，足以极视听之娱，信可乐也"，更可"放浪形骸之外"，无拘无束，可比道家老庄之随逸矣！从书法看，厅堂之规矩可比篆、隶，台、廊之随意可比行书，而园林之开怀可比草书。

这三度空间，与中国其他传统文化，有哲理和精神互通的奇妙关系，现以表格形式列后：

中国园林与综合艺术文化关系表
Chinese Garden: Spatial Design and Cultural Activity Inter-relationship Table

空间关系
Spatial Relationship

园林 Garden-Residence	房屋、厅堂 Buildings, Living Room	台、廊、曲径、亭 Terrace, Covered Walkway, Winding Path, Pavilion	花园 Garden Pond, Pool
设计手法 Design Approach	几何性、中轴、对称 Formal, Axial, Symmetrical	迂回、曲折、流连 Winding, Meandering	不规则、有机性 Informal, Organic
三种组合 The Three Components	人造物体 Man-made Objects	中介物体 Catalytic or Metabolic Objects	天然物体 Natural Objects
空间性 Spatial Quality	封闭 Enclosed	半遮半露 Semi-enclosed	露天 Open
阴阳 Ying Yang	阳 Yang	阴中有阳、阳中有阴 Yang Among Ying & Vice Versa	阴 Ying
活动性 Participation Mood	静态 Static, Mediative	缓态 Passive, Lingering	动态 Dynamic, Active

文化关系
Cultural Relationship

哲学 Philosophy	儒 Confucianism	释 Buddhism	道 Taoism
行为 Behavior Mode	礼节、拘谨 Ritual, Disciplined, Self-conscious	随意、随缘 Self-regulated, Unrehearsed	放浪形骸 Free, Detached Impromptu

文化关系 Cultural Relationship			
书法 Calligraphy	篆、隶 Clerical and Solemn Script	楷、行 Running & Running Cursive Script	草、狂草 Cursive & Wide Grass Script
绘画 Painting	工笔 Realistic	意笔 Impressionistic	意笔、泼墨 Atmospheric
音乐/戏曲 Music/Operas	礼乐/古琴 Rite/Ceremonial 7-string	古筝/昆曲/地方戏曲 Beijing Opera	民乐/民歌/国剧 Folk Music/Folk Song/District Opera
饮料 Drinks	茶 Tea	茶、酒 Tea, Wine	酒 Wine
功夫 Martial Art	静气功 Meditation	静/动气功	太极/各派

游园四部曲

园林中的空间层次，也像寻找古庙一样，但是在非常细小的空间里，安排寻寻觅觅而富趣味性的游戏：利用建筑物和园林的元素，如山门、轩榭、粉墙、石山、水池、树木为"隔"，以阻去路；令游园者透过回廊、曲径、台阶去"寻"路；再利用以上相同的元素，加以"引"导；使游园者感觉到终于到达似是而非的目的地，体会到由一个空间达到另一个空间的趣味或体会，这便算是到了"渡"的境界了。然后又再继续有再"隔"，再"寻"，再"引"，再"渡"的轮回。

一般游客，只能体验隔、寻、引三部曲，而且只知向前走，很少会左顾右盼，或上下探望，更少游人能停下来，闭目留神静听、深呼吸，偶得享受鸟语花香的情怀，至于懂得回顾和迂回，曲径寻幽、探秘，就非常少了。至于能体会"渡"的境界，要看两方面；一是园林设计是否有"渡"的安排。二是游园者的心情和造诣。一般来说，年轻人只知向前走，不回头。年纪较大的人，有了人生经验，才比较缓步踌躇，瞻前顾后，注意前后左右，不单是顾虑不小心会"行差踏错"，而是不要错过良辰美景，有回顾回味的成分，建筑语是欣赏三度空间。需有一定的人生阅历，才会达至"境由心生"。文化造诣，能虚怀若谷，道法自然的心境，便会领会到"渡"的境界，正如佛家的渡彼岸（人从烦恼的此岸，渡过苦海、生死大海，最终达到快乐、清净的彼岸），是肉体和精神的提升，到了另一个境界，或可说是缘分。

显然，这是有闲阶级文人雅士的生活情趣、艺术，甚至可以视为人生哲理。但西方的有闲阶级、文人雅士的生活情趣便不一样了。

有关园林的书籍很多：可参看童寯著的《江南园林志》，以文史为最；刘敦桢著的《苏州古典园林》，以绘图为最；陈从周著的《说园》，以文采为最；陈从周主编的《中国厅堂——江南篇》，以室内、半室外摄影为最。

文字与建筑物和环境

文字与建筑物和环境的结合，可能是中国建筑文化的最大，甚至是独一无二的特点。阿拉伯有些清真寺墙上，嵌有阿拉伯文，我猜可能是与可兰经有关的经文；因伊斯兰教，禁用神像，所以只能把警句，用不同颜色或物料，嵌入墙上，变为装饰一部分。可以想象，这些文句应当是教诲式、教条式和非常严肃的。

中国建筑中文字的使用和作用比世界任何各种文字较为灵活和多样化。中国文字可以用在室内、室外或天然环境，永久性地嵌入土、砖、石、木料墙上（如牌坊、宗祠、寺庙、园林等）；亦可刻在木板、或装裱在绸绢、宣纸上，作更换式、悬挂式（如厅堂的中堂、匾额、对联、春联等）。文字以嵌、裱形式安置在各种类建筑物的里、外，非常普遍，从古到今，已深入民间，成为民众生活硬件的一部分。

每逢春节，全国各地，家家户户，张贴春联。这些春联，巧妙地道出了民众的志愿、理想、祈望和心声；也可以代表各阶层、职业和时代的寄望，成为研究民意、民心、社会学的第一手资料。

在中国的名胜古迹，都有名言、名句、对联刻字，更有摩崖书法，由历代名人书写，结合书法，是雕刻在天然石壁上的艺术；不但有艺术和历史价值，更因这些书法与大自然融为一体；用视觉观摩时，无论在晴、雨、阴、晦之时，还是结合风声、浪声、虫声、人声之音，其感染力特别动人，比较在人造环境里看，完全不一样。仰观摩崖书法之际，更感民族先祖的精神智慧，直达肺腑。

从名人文学到民间艺术，不离书法。20世纪60年代，我和一位痴迷中国戏曲的法国朋友，跑到香港红磡地区。新春时节，小贩杂技艺人都摆满了各式各样的买卖演艺摊档。其中一档，是潮州木偶戏，全档只有一个人，以两手各持控着筷子般大小的支撑，支撑的尾端，便是粉墨登场、衣冠楚楚的木偶人物，独演独唱一幕"凤仪亭"，貂蝉戏吕布。戏台只是到这位木偶戏匠的前胸高度，加上左右前后上下帐幕；他在幕后一边自唱一个生腔，把头摆到另一边，又唱出另一个旦腔。两只手摆动两个角色，在小小的舞台上，两个人物，跑前跑后，靠左靠右，一唱一和，直至这个"一人剧团"小休时，我才能分心，去阅读两边的匾额和对联；这边厢有"出将"，那边厢有"入相"，两联如下：

看戏多做戏少万般罪恶全凭双手做成

开场易收场难千古是非不外一人操控

我把对联翻译给那位法兰西朋友听，使他跟随我同是五体投地！世界上没有一个国家的戏剧舞台，能以精彩绝伦的对联，三言两语，描绘其优秀艺术模式和结合其表演形式特点，同时贴切地写出人生舞台幕前的是是非非，源头就是幕后搞个人独裁政治！

中国古典园林更不能缺少文字，光是月拱门上一个匾额"通幽"或"入胜"，已能会意传神，使人向往。各名园有名对联，杜甫的《陪郑广文游何将军山林十首》中有：

名园依旧绿，野竹上青霄。

兴移无洒扫，随意坐莓苔。

另一首《天宝初南曹小司寇舅于我太夫人堂下累土为山一匮盈尺以代彼朽木承诸焚香瓷瓯瓯甚安矣旁植慈竹盖兹数峰嵌岑婵娟宛有尘外数致乃不知兴之所至而作是诗》中有：

一匮功盈尺，三峰意出群。望之疑在野，幽处欲生云。慈竹春阴覆，香炉晓势分。惟南将献寿，佳气日氤氲。

为了"望之疑在野，幽处欲生云"两句，写这样长的题目是值得的。我认为杜甫，已把园林设计、布局和营造技巧的最难和境界要求最高，包括欣赏情趣，无意中泄漏出其奥秘：那就是提示了人造境界技巧最高是在营造出"疑"和"欲"。

苏东坡《涵虚亭》

水轩花榭两争妍，秋月春风各自偏。

惟有此亭无一物，坐观万景得天全。

后两句也可以是做人的座右铭。

匾额和对联，甚至一个字的书法，本身是艺术，但它们的功能不只是点缀园林，而是有点睛、暗示、提示、助庆、先导、甚至启发等作用，令你读后，使园林景物和你，发生互通的密切关系，心领神会而产生共鸣；同时，又可以欣赏它们的文学和哲学意义。这种文字媒界，协助你的心境融合在园林的大自然环境里，协调你进入大自然一个"悟"和"渡"的境界。

所以，我认为中国的文字对联文学，结合一切人造或天然环境是世上独一无二的多元艺术，成为浑然一体的独特传统文化。

最奇怪的一个特点是低调、低姿态。传统上，只有帝皇天子的官殿，才会高调、高姿态。其他如王亲国戚大府、地方衙门官邸、宗教神庙寺观、富人巨贾大宅，无论如何富贵，都尽量做到平淡、不抢眼，充其量是外素内华。起码，从外表看，其貌不扬。我认为这种外表低调、低姿态、重内涵，是一种传统的美德，不同于西方的重表扬、好炫耀、尽外露风格，这是两种建筑文化最大的基本区别，亦是性格各异的分水岭。可能由于中国近百多年来，处于贫穷、屈就状态，如今一朝发达，能不风光一翻的心理，而富于炫耀风光、风格的建筑物，是西方自古以来代表和显露有权力、富贵的象征。这是中国某些领导层、地产商、什么首富，喜爱洋建筑师的最大原因。

1.6 崇洋媚外——中国现代建筑文化的迷惑

崇洋媚外的心态不可能是自古有之，最早不会早于清末。根据洋务运动史的资料，崇洋最初的目的，是因慑于洋人的船坚炮利，而产生以夷制夷的策略、理论，仿效洋人的方法去造船和军火去对付洋人。但很不明智地聘请洋人当顾问，结果造出来的船不坚，炮不利。现下，又请洋人来搞建筑，虽然结果不会像豆腐船、垃圾炮这么糟糕和有害。但洋船和洋炮是科技文明，而洋建筑是文化，对洋文化的迷惑，令人费解；

在我看来，只能看作是一种相当严重的自卑感，或是一种无知暴发户的狂妄行为。我希望有多一些清醒人士，做些驱邪工作，使中国早日走出迷途。

1.6.1 什么属崇洋媚外?

顾名思义，崇与媚是崇拜、崇尚、推崇、阿谀、献媚、奉承和一切不正常的偏爱、袒护与追求。崇洋媚外是指对洋人的东西，尤其是指从外进来、进口的洋人的事物，表露仰慕和奉承，渴望得而甘之，甚至五体投地。很可能，这词组是由于英国的船坚炮利，打开了中国的大门后，某些官员或人士，对洋炮的威力尊崇起来，产生又敬又畏的心态，觉得洋人的东西，总比自己的优越。如有些人认为，美国的月亮比中国的圆，进口洋货，包括东洋品，总比中国的好。不但是长他人志气，灭自己威风，更是一种自卑的心态作崇。因为崇洋媚外不是一种行为，而是一种不正常的心态。但是由心态导致行动，那是另一回事了，后果可能比较严重。

清末的陈天华于1903年秋所撰的《警世钟》有:

"杀我累世的国仇，

杀我新来的大敌，

杀我媚外的汉奸!"

然而，在21世纪的中国，不容易由于崇洋媚外而招致成为汉奸，更不会因此而招致杀身之祸。在21世纪的香港崇洋媚外，不但不会招惹杀身之祸，而且会赢得各种美誉;如自由战士、民主先驱、香港良心等。

目前，由崇洋媚外的心态，导致崇拜及兴建带有西洋气味建筑物，成了一种风气，却是事实。19世纪的崇洋媚外心态和行为，多限于国内某些阶层的特权人物，老百姓根本没有资格崇洋，走进洋租界可能给洋巡警呼喝，只能在远距离望洋兴叹；不幸，现时的崇洋媚外，已沁入各阶层，包括某些领导人、先富起来的一群、城市大部分老百姓，影响及他们的起居饮食，衣食住行，生活模式，日常生活的文明和文化。本文所谈的，虽略有涉及各方面，但尽量集中于建筑文化方面的崇洋媚外。

改革开放初期，因急需建材，而引进外国科技，甚至原材料，制造优质玻璃、铝窗、瓷砖、厨房和浴室设备等；这种科技引进或来料加工，不是崇洋媚外，因为自己没有这等科技，这等原材料，而又急切需要，只有这样做，才能救燃眉之急，才能达到目的。最大的理由是，这些都是建筑文明，技术进口，甚至抄袭又何妨？

超高层建筑物，大型歌剧院（如演出意大利、德国、俄罗斯的古典洋歌剧的），聘请洋建筑师设计，也不算是崇洋媚外：因为我国建筑师缺乏设计超高层建筑物的经验，如果出错，代价便会非常昂贵，甚至危险；至于西方歌剧的舞台运作、舞台转换、管弦乐池的位置等问题，我国建筑师尚缺乏设计经验。近年因音响效果不好，乐池又升了上来，效果如何，我还没有听过。但乐队不可能在歌剧台前，可能还是如京剧在台之左？或如近年上演之昆曲《桃花扇》放在台之后？其他设计问题如：歌剧后台各种需求和设备，台前最新灯光照明技术等等细节，可以总称为舞台设备的科技，我国建筑师亦缺乏最新设计和实践的机会。如果出错，不但代价高，更有出乱子的可能，甚至有出洋相的尴尬场面。我认为首批个别歌剧院，聘请欧洲建筑师，不算崇洋媚外。反正，上演的西方歌剧都是外国文化。

但地方政府办公大楼，以及一些不属超高层的住宅或办公大厦等，是极其普通的建筑物，我国的建筑师能胜任有余。可惜自怪风气吹至，不但聘请洋建筑师，还要求设计成不伦不类的仿欧洲古典或复古洋风格！这种情况下，便是崇洋媚外的心态在作祟。

"鸟巢"的设计，从刊物及电视上看，它的优点：第一是一座以造型吸引人的非常成功的建筑物，尤其是以大型公众建筑物来说，视觉吸引是非常需要的。有些庞然巨物，你经过了它而不察觉，因为它没有挑起你的好奇心。其次是建筑物体形虽大，但看不见一般强调横线直线的柱梁门窗阶台梯，而是一个巢窝型整体。因周边没有其他建筑物靠近，所以惯性视觉上失去了尺度比例，不知它大小，只在看见人群走过，才感到它体积庞大。正因它没有强调横竖线条，而是鸟巢编织结构的网状特征，轮廓也失去了直线硬边，整座建筑物不觉沉重或笨重，反觉柔软轻盈。正因为要达到这个无横梁直柱、无硬边、无重量感觉的优点，也就带来了它的缺点，在结构上不用直梁直柱，便要用斜柱斜梁代替，违背了地心吸引力原则，所以在用钢量上是常规的十倍（一位英国结构工程师在英文报纸上发表的估算）。但在视觉效果上，它达到了乱中有序，序中有乱的自然生态形状。对我来说，它的最大优点是没有半点"洋味"，没有洋风格。什么是洋风格？举一个例子，"香港中央图书馆"设计不幸就是集多种时尚洋风格之大成，什么后现代派、解构派等莫须有时兴潮流、主义与派别，东抄西袭和跟风的大合拼，没有生命气息的大冷盘，完全没有个人创意、没有半点地方风格的痕迹。鸟巢的设计概念很简单，它就是模仿自然生物结构之一——鸟巢。这是造型创意与功能需求完的美结合。我认为这几个特点是鸟巢设计最成功之处。它令我想起澳大利亚悉尼歌剧院的设计概念，模仿风帆（full sail）形态一样异曲同工。当时因结构设计原则和造价过高的争论，建筑设计师辞职挥袖而去。但因设计上的风帆效应，在悉尼港口，帆满迎风，带来了多少游客，无论当年造价花费多少，时至今日，悉尼市的知名度和外汇收入，不知超过造价多少倍。将来因鸟巢效应，在外汇收入上当然也会超过造价不知多少倍，而知名度是无法以金钱计算的。这是一个建筑师，2009年7月从四环路远眺多次（我还没有机会到现场）分析和欣赏另一个建筑师的作品，在刊物及电视节目中作出的分析，没有崇洋媚外成分存在。

从民族意识来说，较难定性的是2008年北京奥运会的几座大型运动场和运动馆，全部由洋建筑师设计。这个决定是否属崇洋媚外的行为？从某一个角度来看，奥运会是全世界的事，不只是中国的事；全球各国首长、领导人、体育界知名人士、优秀运动员和传媒都会出席，并高度集中注视运动场、奥运过程与操作，整个北京，甚至整个中国，便成为赞赏与批评的对象。至于鸟巢和水立方场馆设计师是外国人还是中国人，除了个别中国建筑师外，一般中国老百姓不会认为有任何不妥。中国政府，趁这个机会，高调地向各国表示，中国已是一个真正开放国家，连思想也开放了、现代化了，它可以接纳世界上最新的东西，包括建筑设计概念，对外国专业人士没有歧视，并且欢迎其他行业，最新构思和最新科技来华投资。

中国自加入世贸以来，此举是第一次抓住面向全球的机会，自动单方面、高姿态表露接纳外国专家来华献技，也代表欢迎外国科技企业来华投资的一个大动作。政府亦了解到，世界人士（尤其是西方国家），都以大型、新型、高科技的建筑物和建筑群（如博览会或奥运会等），去评估和衡量一个国家的国际性、开放性、现代化、先进化的成功与深度，在这方面，世界各国，尤其是西方各先进国家，已对北京奥运从建筑设备组织接待评为空前之完善。从这方面评估我认为采用洋建筑师是对的、是正面的。北京奥运已曲终人散，在中国当然会仍有不断的美丽涟漪，中国政府和中国民众已得到了绝大好评，赞叹不已；已收到了喜出望外、超乎想象的宣传效果和政治效益。无论从什么角度去看，整个北京奥运会是一个超本国、超国际水平的表现。作为一中国人，从头到尾我感到震撼、激动、高潮迭起、增强民族自信和骄傲；我相信这次表现（准备工夫、硬件和软件、临场配合、运动员比赛成绩，等等），对我国社会、民众、文化会激起漫长、慢性化学作用，会有长远的良性影响。从此，心理学家或社会学家会用一个新名词——"后京奥效应"去分析某些个人、群众的社会态度和行动的现象。

但从较狭窄的专业角度看，中国建筑师，包括海外华人建筑师，等了四代，才有这一个千载难逢的时机，这次失去了这么珍贵的大型建筑设计表现机会，不知何时、何代会再来？对我来说，中国建筑师的实力与潜力，始终没有被考验出来，这是一件非常遗憾的事。但是从另一个角度看，如果由中国建筑师设计，起码有中国自己的特色；可能没有最新、最先进的文明，但亦会有自己的中国文化，而谁人敢说，奥运会的精神和整体成功是可以只靠几座建筑物体会出来的吗？更无人敢说，外国游客不会渴望、祈求、甚至喜爱看见富有中国特色的现代建筑物呢？我的估计，开幕和闭幕仪式中所涉及的科技，中国应该有能力做到，不需要进口。但是这些建筑师专业遗憾比起整个奥运的成功又显得次要了。

从积极的一方面看，恭请洋人来设计奥运会主要建筑物，带来三个好讯息：第一个非常重要，这就是象征着领导人的思维开放了。第二是中国自新中国成立以来，常常帮助第三世界国家，替他们设计并承建各地的政府大楼、大学校园、医院等建筑物，在兴建过程上，没有遇上什么难解决的技术问题。改革开放后，基建工程上：如高速公路及跨度越来越大的桥梁，虽不能说对付这种工程是轻而易举、驾轻就熟，但也能克服任何困难。这次，几幢奥运会庞然巨物，架构非常复杂，某些方面还要中国专家相助。建成后，获外国专家一致好评。因为中国承建队伍，不但施工安全，超时完成，而且在紧张的施工时限内，替设计顾问们解决艰难的技术问题，成品工艺优美，造价低廉。我希望将来很可能在第一、第二世界的高难度项目中，中国施工公司、集团，会被邀请参加投标，成功中标；更希望在不久的将来，会是一项新颖的、值得骄傲的出口专业。第三是最主要的建筑物"鸟巢"设计，甚至"水立方"，没有洋味。

从国际交往的角度看，中国往往以发展中国家自辩。而事实上，如果我们不只看几个大都市，以全国人的国民平均收入，和民众生活水平计，中国确实不是能与其他G8（八强）国家平起平坐；但是我们北京的大剧院、奥运鸟巢及水立方、中央电视台大厦和首都国际机场T3航站楼等超时代、高科技、超高价建筑物，连G8等国家也望尘莫及，那又如何解释呢？我的唯一理解，这是大国思维的影响，或者是一个准大国的胸怀。

打造香港成为世界一流的大都会，香港人先要有归属感

香港特区政府和大房地产商，对本土文化发展和支持，从来没有兴趣或关心，更谈不上有任何深入研究、长远政策。对本土文化人士没有任何持久性兴趣、喜好或热心支持或关心行动。有史以来，香港从事艺术工作者和艺术团体，一向是各走各路，自生自灭。艺人文化人很少来往，就算是同行也很少互通研讨，不是因缺乏交流工具，香港是全球手机拥有率最高的城市。

香港人缺乏归属感，没有大家庭的理念，没有彼此关心照顾，更没有想到培育下一代，所以缺乏文化理论。我说的"下一代"，不是指个

人的子女教育问题。全世界最关心子女的教育，香港父母必列前茅。但因为缺乏归属感，父母的一代也在可能范围内，一有机会便移民。子女升学，最好是送到外国，越早越好。留下来的想揾（抓）快钱、短线钱。大财团也是缺乏归属感，很少有长线为香港人及他们下一代谋幸福。香港领导层更缺乏归属感，缺乏长线计划，充其量只不过是"睇（看）两年"和"做好我份工"。这一代父母缺乏归属感，下一代当然缺乏培养，放洋陆逐回港的更可悲了，他们其中不乏"必要时可留，随时可离"的国际专业尖子。无论在本港大学毕业，或从外国大学毕业回港，他们很难在大学培育有归属感，与本土文化互不相识，互不关心，怎能成为一种有香港文化特色的气候。

临时栖所、暂居之地的心理状态，原来是我们的祖先一百多年来由广东、福建来港找工作糊口，离乡背井，唯晨夕思念家乡，所以组织同乡会，相互照顾。当时的同乡都会称为"旅港某某同乡会"，但时至今天，仍然称"旅港"。我很明白早年在美国的华侨组织，称为"旅美某某同乡会"，因为美国不是中国土地。"旅港某某同乡会"已给我们一个先天的过客心态。

归属感有什么重要？如果你认为香港的将来，就是你的将来；香港的命运，就是你的命运；香港的命运和你的命运捆绑在一起，你便会和香港很多事情擦出火花，滋生思想和激情的浪潮，关心香港和你的命运便是香港文化的火种。

如果没有归属感，便没有香港或国家观念；没有自己国家观念便可以向往或崇拜任何其他国家。我念中学时，同学多崇拜美国；近十多年来年轻人多崇拜日本、英国；总之是崇洋心态易滋生，其中包括崇拜洋建筑。

有些个别艺人以为自己是天下无敌，不屑与其他不够班（级数）的同行研讨任何文化艺术的问题。没有一个团结、强而有力的文化组织与政府对话，提出要求，所以政府不会感受到任何压力。

若干年前，第一任行政长官说，要把香港建成世界一流的大都会。若干年后，突然在西九龙填海区来了一个全新的西九龙文娱艺术区计划，向市民大力宣传为你而建。由香港几个大房地产商财团，聘请几位世界级洋建筑师，进行设计比赛。如果真的为香港老百姓而建，为什么反对声音响彻云霄？！这个从天而降的文娱艺术中心终告难产。其实，如果当局以某某新发展区、新住宅区、新商住中心，等等号召，总之，不用文化娱乐，尤其是艺术等字眼，这个计划区久已成为工地。为什么我这样说呢？因为从盘古初开以来，政府和这些房地产商大财团，从没有这样重视、照顾、关心文娱艺术的发展（光是一个粤剧表演场地，看政府如何耍太极），如今为什么突然慈悲大发，文化为怀，居然变性？其中必有蹊跷，所以才有群起反对。

2008年，又以另一模式进行，取消了单一招标，卷土重来，2008年10月份还委任了一个统筹委员会。2010年8月，特区政府花了十五亿，有三个建筑方案展示给市民，一位高官循循善诱，侃侃而谈，说不是一定要选其中一个，而是可以把三个方案的优点融合集而为一。有形象的东西，如三个样貌轩昂的高官，把他们三个样貌的优点融合起来成为一个高官，成吗？就算他们的脸孔是泥造的，融合起来，结果还不就是三不像！香港区旗是由三个胜出的设计，融合而成。我认为好的、优秀的形象，是有性格的、有风格的；好的诗词，也是有独特风格的，所谓别有风格，自成一家。所以，一生致力于文化娱乐艺术的人，很注重创造性，创造什么？就是这个独特的风格。三个世界级的建筑师的作品，必定各有独特风格，既然是独特，又怎样融合呢？再来一个例子，如果有位长官或高官，有三个女儿，各有不同的，窈窕身材，娟美面貌，不同的性格，你都很疼爱她们。有一天，你被迫只能选一位，送往参加世界小姐比赛，你的脑袋会不会想过，把她们的优点融合成一个女儿呢？

对从来没有长远文化政策的特区政府，和对文化、艺术素不关心的房地产商大财团，忽然文化起来！一般市民面对这几个大财团的忽然文化起来，有如屠夫忽然口念我佛慈悲，会相信吗？对倡议西九文娱中心的人，我只有两个问题，希望他们解答：

1. 你的西九概念，从何而来？

2. 你的西九建筑，为谁而建？

如果真的为香港文化和老百姓而建，为什么要聘请世界最时髦、最潮流、最时兴、最著名、设计费最昂贵的洋建筑师，造价最昂贵、每个设计都有高不可攀的天幕？我们香港有二千多名建筑师，几万名工程师，温饱朝不保夕，熟识、精通本土文化，等着大干一番，却只能望"门"兴叹！其实政府忽然文化起来的缘因，是为了把香港打造成世界级一流大都会，文娱中心便在一夜之间成为必需的形象建设、地标建设、政绩建设，所以要找洋人设计，与本土艺术工作者、文化事业工作者、艺术文化发展团体、老百姓绝对无关。

有一位以前与西九文娱中心有关的文化人对我说："不要谈以前，不要谈现在（2008），如今西九文娱中心兴建，势在必行，你对将来建成后怎样看法？"我说：

"如果方向是想追随和模仿纽约、伦敦、巴黎、东京等国际一级大都会的形象为目的，尤其是不惜高价聘请洋建筑师，硬件形象肯定可以达到的。因为，绝大部分著名西方建筑师，最拿手好戏的就是使人惊叹的形象设计、地标设计和政绩设计。

"但就算建成了西九文娱中心，主办机构每年需要庞大的经营费用、运行费用、维修费用和宣传费用，等等。要使原来每年以两个月演出节目为期的"香港艺术节"，增至每年最少十个月；随着，便必须要扩大筹款范围和活动，这个庞大经费相当于现在的起码要七八倍；管理、维修经费要至十倍以上。但本土表演文化、展览艺术文化、研讨演讲等活动，将因场租贵而不能享用。就算偶有个别本土演艺、文化活动，亦需要有政府、团体、企业或个人赞助、资助，亦即是加重了原来已庞大的经营费用。一般老百姓也不能有经济能力购票入场。香港能够有经济能力购入场券的人多的是，但大部份会选择饮食，或旅游，喜爱艺术的少，喜爱西洋音乐的更少，喜爱莎士比亚舞台剧属绝少数。至于低下收入阶层为了应付住和食已筋疲力尽，绝对不会花钱在中国或西洋艺术欣赏方面。如果他们偶有空闲时，只会去庙街等低消费或免费的地方。中产阶级能够培养这种生活素质的，为数不多。只要看看迪士尼多年的惨淡运作和经营，便知一斑。

"不要忘记香港的吸客范围（catchment area），比不上纽约、伦敦、巴黎、东京等世界级一流大都会。这四个大都会，一年四季都有大量客量，因跨国业务、公事，国际展览、会议，旅游客人进出或路经这些都市；还有周边中小城市，甚至郊区人口，常常会花上两三个小时火车或小车车程，往都会欣赏一场歌剧，在歌剧后往往享用一顿烛光或豪华晚餐，然后在五星级酒店住一晚；伦敦的音乐演奏会，往往吸引欧洲大陆客；欧洲各地的音乐季节，很多年来已有默契、安排，尽量避免时间和表演节目冲突，各国国民便可以有机会跨国参加文化活动。更重要的是，一般西方文化水平较高的人，他们有欣赏表演艺术的需要和参观文物艺术展览的习惯和传统。美国人、英国人、法兰西人和日本人，就算还没有到过自己国家的大都会、没有享受过他们自己大都会的世界著名的交响乐厅、歌剧院，很多是以捐赠支持或参与筹款自己大都会运作和艺术活动为荣、为己任。从吸客范围来看，北京和上海搞类似西九文娱中心的建设，比香港有条件得多，但这两个大都会到目前亦没有搞成套文娱全餐的打算。很多国内人还未到过北京、上海，黄金周或其他假日，越来越少以香港为首选。同时，上海和北京这两个大都会，只会越来越吸引国际游客，因为除了上海人和北京人有强烈的归属感外，这两个大都会的本身历史、文化内涵比香港丰富得多，而且它们周边的好去处，不但比香港多，而且吃喝玩耍多样化。

"香港最大支持量和最可靠的长期客源还是本地人口，但要看这本地人口的文化口味、水平和对消费文化的选择，对欣赏艺术的参与和投入是否已培养了享受这种生活素质的传统习惯，最关键的是经济能力和是否有追求这种生活素质而愿意付出代价？香港人口对外来文娱文化是否愿意消费我有点怀疑，不能不再拿迪士尼的例子作暂时定案。但香港人喜爱吃喝玩耍，所以外来饮食文化，如兰桂坊、苏豪，甚至日本料理，却经年大行其道，更有前者两区开枝散叶，范围越来越大。可以说，要把香港从国际文化上，打造成为世界一流大都会，有先天不足，后补可疑之嫌，那又何必强求呢！"

如果特区政府有一天真想帮助本土文化发展，其中一环需要了解和研究的，是香港人对传统艺术欣赏的方式，是非常传统的，这个方式在表演者和观众双方都了解。欣赏大戏，即广东戏（可惜潮州戏演出已多年不见，早已濒危，广东/潮州木偶戏两剧种已湮没），最理想的时间和方式是节日戏，即为了庆祝纪念感恩神明、神话人物、祖仙的生辰冥诞，如盂兰节、天后诞（神功戏之一）、春节等，由一个村或一区筹备，包括演出日期、请戏班、点剧目、选一个适合的露天址、盖搭棚架戏台、售票票价、纠察维持秩序等等一切事务。看戏者多是一家人，成群结队，互相认识，台上演出时，台下观众随时随意进出（根本没有墙），入席离席，婴孩哭笑，儿童嬉戏，非常随便，正如西方的嘉年华会气氛。台下随便，台上表演者可不能随意，请来的戏班都是有名气的，座中有父老认真懂看戏的人，所以不能马虎。近20年这些戏班在高山剧场、新光戏院、沙田大会堂、香港大会堂等地点演出，有一定的观众量。第二次大战前香港有太平、高升、中央、利舞台大戏院，九龙有普庆、东乐大戏院等。战前和战后十多年，每套大戏往往需两三晚才演完，每晚需要三四小时，所以中下收入阶层家庭，家中没有佣人，便率领年老的父母和年幼的子女，三代人马浩浩荡荡进场。场内可以进食，座位前有长板架子，安装在前排座位的靠背上，便利观众放置碗碟糖果、番薯干、牛肉干、花生、瓜子、香茗。如果不了解这种地方戏的表演传统，硬要搬到世界级的西九剧院去，是不会成功的。

反过来说，如果政府资助恢复观赏大戏的传统剧院，可以参考"日本歌舞伎"（Kabuki）剧院设计和观赏模式，不但本地观众拥护，连稍有文化意识的洋老外和游客也会将其视为必须看看的文化项目，一边看戏，一边吃面条，吃茶，嗑瓜子；而不会远道而来去欣赏西九洋建筑和洋天幕，观看洋歌剧洋音乐，他们想认识的是本地文化。

为什么"日本歌舞伎"（Kabuki）剧院很值得我们参考？原来围绕着观众大堂有一环马蹄形的宽敞走廊，马蹄形空间全是设置各类小馆子形式的饮食，舞台上上演前、上演时、中场休息、上演后，观众随时可以离席到馆子去进食，随时可以返回座位，继续观看。这样剧院观众大堂比较清洁安静，也尊重台上的艺人伶人，这种设计很适合香港人，可能也适合内地，尤其是香港老百姓，戏好不好看是次要，最重要的是同时同地有吃有喝。

文化怎能打造出来

我对"建造"和"打造"用于文化发展上，感觉很不妥、很不舒服。文化怎能突然刻意、锐意打造出来！我记得在乡下时，我和其他十岁上下的小朋友，暇时喜欢跑到一位首饰匠师家里，看他精彩的手工艺。他左手拿着一块光身的铜片，右手拿着一个小锤子，耐心地、轻轻地、有节拍地敲；一会儿，他换上有圈子花纹的锤子；一会儿，换上了有三角形花纹的锤子；不一会儿，铜片上有了美丽的图画；然后，他把一个针扣，砧在这块铜片后面，便打造成一个女孩子用来卡头发的头饰。近十年，我们常常听到政治家把某城某市打造成为一个什么现代城市、什么21世纪大都会。无怪中国地产广告有地中海风格、东方威尼斯，因为这些东西，可以像头饰般打造出来的！

来自民间的艺术文化发展，很自然地跟着供求原则，循序渐进，政府只要在旁协助推动，它来自民间的原动力是无穷的。以政府政绩为前提，追求西方文娱建筑硬件，以达到大都会形象为目的，不明白国际艺术文化活动市场，追随东京国家级美术馆、博物馆的形式与模式发展，不理解、不关心本土文化发展需求，只会导致与本土艺术文化发展脱节。以为有了形象硬件，便会吸引软件接踵而来，像《数码港》的筑巢引凤方式已证实是行不通的。兴建西九文娱中心有重蹈覆辙之虞。当然，我希望我的分析是完全错误的。

如果特区政府想支持本土视觉艺术之发展，可以仿效美国，在政府项目的预算案中，加入总预算之5%（香港可以由1%~2%开始），作为购买本土水墨画、油画、雕塑等艺术品，或委任本土艺术家在工地上创作之用。其他如音乐、诗词、白话剧、封面、海报设计等创作，亦可以每年拨出若干款项，作委任本地艺术家之用。

1.6.2 是谁迷惑谁?

从香港至北京,只要打开报纸,看看电视,或稍为注意市中或市郊,建筑物或工地周边的广告牌,便可以看到,莫名其妙的崇洋媚外之辞;如欧陆风格、地中海风情、法国宫廷情调、威尼斯水乡风貌等等的荒诞离奇的广告。但是,这些谎言在香港,已流行了30多年,在内地相信也超过了10年。当年香港,也是洋味十足,如尊贵一族、帝苑豪廷、最近还有凯旋门、君临天下!某公司索性以"英皇"为名!

香港《明报》载,深圳于2006年9月,首次启动城市地名大整顿行动,草案于该年底完成。其中对楼盘取用洋名,当局均将采取严格规范措施,不容随意命名。深圳市著名楼盘,如"白金汉宫"等,可能被有关部门清理。这次因命名而引发至地方政府的干预,是历史性的创举。有趣的是,不知草案中,将会用何法律理据?如以文字说谎及文化谎言、欺骗、误导、诱惑、迷惑购买者,已可构成足够干预的理据,但购买者不一定因此而导致经济损失,更可能引至心理满足感。我的希望是政府里有些国家民族观念的官员认为,这样的命名,有崇洋媚外的歪风,有失国体,应该及时制止。

另一个令人触目惊心的头条新闻(也是在2006年9月《明报》),大字标题《人生嘉勋尽在英伦》。正在怀疑是哪一位香港人,回归前,英女皇遗漏了加封的爵士,现下要前往英伦补受封勋?再细读下去,原来是在广东省中山县一项房地产,名为"雅居乐新城",夸耀为英伦式花园洋房!

奇怪的是,大家都知道,把欧陆、法兰西宫廷、威尼斯、英伦等等的情调、风格、风情、风貌,搬到中国来,是不可能的,因为这块土地上缺乏法兰西人、意大利人、英国人,更缺乏他们的文化。但听得多了，使耳朵听觉含糊；看得久了，使眼睛视觉昏花疲倦。广告是一种麻醉剂，使你五官感觉也麻木了，反应也迟钝了，便不知不觉地接受了；与某某洋食品制造厂出产奶粉的广告，可使婴儿食了，"发展右脑逻辑，和左脑创意的思维"，异曲同工！

如此这般崇洋媚外的歪风、怪气，不停地乱刮，令人头昏脑涨，便成了风气，西风压倒东风。洋味和假洋建筑，便大行其道，如果成为一种社会现象，中国建筑文化将永不超生，失去了持续发展为现代中国人服务的机会。中国建筑师为了糊口，亦须听命于房地产商的指示，被迫要跟随崇洋潮流设计。同时，很多大型的项目给了洋建筑师，经济损失每年相当大。加上，对民族自尊心伤害更大，最大的损害还是中国建筑师，失去了良好机会，这样下去，中国现代建筑文化何时能发展开去？

如果崇拜的，是现代洋建筑住房，这也勉强可以明白，起码，现代洋建筑文明，与中国现代建筑文明，没有很大的矛盾，亦可能给中国青年建筑师一些刺激，甚至启发。可是，目前的崇洋多是崇尚欧洲古代，或复古欧洲某国某时代的建筑，号称什么法兰西宫廷风格，威尼斯水乡情调等迷惘字句，但实际上全不是真的，是假洋建筑、假风格、假情调而已，对谁都没有好处。

在大陆城市，随处可见这类假洋建筑。香港报载，有某暴发户，在江南（看上去似由耕地转为工地），建仿法兰西贵族堡垒式的住宅。暴发户站在他的"堡垒"前，骄傲地让记者拍照外，还絮絮不休地解释，他如何照足，法兰西某古堡，一砖一石而建；苏南有"农村变城市，建筑风格气派堂皇，艺术气息浓郁"的房地产广告，从刊出的图片看，也是抄袭欧洲某些小镇市中心和小广场，有围成半圆形的柱阵，包括骑在马上的民族英雄模样的铜像。整个建筑环境风格，无缘无故、莫名其妙地仿欧洲文艺复兴时代。

从瑞士搬到深圳

深圳有一间酒店索性以"茵特拉根"（Interlaken）为名，有单张图文并茂广告：

"深圳茵特拉根华侨城酒店以瑞士文化为主题的超豪华五星级酒店。它坐落于深圳东部华侨城茵特拉根小镇，秀丽的湖泊、茂密的森林不仅为酒店营造出不可多得的自然景观，更为它带来终年清爽宜人的气候。酒店建筑设计独具匠心，艺术元素渗透到每个细节。一流的设施设备，一流的服务品性，尽展茵特拉根城酒店好客之道。"茵特拉根是瑞士小城镇Interlaken的音译，位于国家中部，在两个湖之间，西边的湖称Thunsee，东边的是Brienzersee。我到过那里几次，真是湖光山色，别有天地；但在深圳为什么要建一个假瑞士环境、一座假瑞士酒店、一些独具匠心假瑞士文化呢？而附近不要说两个，连一个天然湖也没有！

从欧洲四国搬到上海

上海世茂佘山庄园共有72大宅，每户面积约800平方米，花园面积2000平方米，以"欧洲四国风情别墅"为招徕，四国是法兰西、英国、意大利、西班牙（恰是八国联军的一半），以欧洲建筑风格及风情，作为卖点的豪华别墅。可能下一个项目，称为"八国联军别墅"！

从意大利搬到美国再由美国搬到澳门

2007年美国赌城的巨型赌场陆续在澳门登陆、建成、开幕，其中以"威尼斯人"最具规模，它是由拉斯韦加斯赌城"搬来"澳门的。从建筑文化角度看，是大型不伦不类、似是而非、啼笑皆非的美国人模仿欧洲古建筑文化。赌场酒店一切人造威尼斯风格的建筑物当然是假意大利建筑物，但沿运河而游，张开眼睛看到两旁建筑物的窗门，窗后并没有房子，眼睛看到的只是如舞台上的布景板。把视线再往上观望，青天白云也是假的！高唱意大利民歌的女船夫，不是意大利人，她来自菲律宾！运河的水来自供水喉，除了自己是可靠的真人外，其他一切都是假的。从商业角度看，目前这一切洋假象是相当成功的，因为正适合一些崇洋媚外的国人口味（当然包括港澳台人）！

美国国会大厦搬到中国

最荒谬怪诞的，莫如刊登于2007年3月12日《文汇报》，连日报道人大、政协会议专栏期间，其中骤看似美国国会大厦彩照。我想，这与两会何关？看大字标题：委员提案要求建办公楼，先报人大，以遏衙门豪华风，再看细字旁解，才知这座巨型美国国会大厦，原来是安徽省阜阳市颍泉区区政府，斥资千万的外形似白宫式的办公楼！

广东东莞首创禁用洋名

2008年7月9日《明报》刊载大字标题《东莞新楼盘禁用洋名》，内容：

"曼哈顿、塞纳—马恩省河畔……"这些地方在那里？在美国？在法兰西？都不是，原来它们在东莞。其实不论在内地或本港，不少新楼盘都爱用上外国著名地标作名称，不过最近东莞当局为了规范楼盘名称，已规定今后当地住宅、商住新楼盘禁用洋名，居民住宅、商用楼盘

图5 安徽省阜阳市区政府大楼

图片来源: https://read 01.com/jy8yoP.html

地方政府仿洋建筑，没有自己的风格。

图6　上海闵行区人民法院

　　薛求理　摄

中国地方法院仿照美国国会大厦，不伦不类。

图7　南京雨花台区政府大楼
　　　薛求理 摄

中国地方政府机关大楼，仿美国国会大厦，莫名其妙。

图8　美国华盛顿国会大厦

图片来源：https://zh.wikipedia.org/zh-hk/美国国会大厦

美国国会大厦（United States Capitol），亦称"国会山庄"（Capitol Hall Washington）。

既然中国对美国国会大厦有这么多倾慕、模仿，国会大厦的"庐山真面目"亦应亮一亮相了。此庞然巨物始建于1793年，1800年建成。从建筑设计的角度来说，它也属于"假古董"类，学术语是"新古典派"（Neoclassicism），主要是抄、集意大利14、15世纪文艺复兴式之大成，其用料多是白色大理石。

只可用汉字汉语命名。

按最近《东莞市地名总体规划》规定，外来词语、外文字母、拼音字母不可再用于新楼盘的命名，新楼盘在登记命名时，需要通过东莞民政、房管、规划、建设、公安等部门的审核批示，若地（应作命）名不符合规定，房地产开发商将不能在房管局申请房产证，在相关部门也办理不了手续。

几乎全国，到处散布着没有生命气息、没有地缘历史、没有灵魂的假洋建筑躯壳，洋魅野鬼，不能生根的游魂，住着黑发、黄皮肤的假洋鬼子，可谓触目惊心。

这种崇洋媚外的心态和行为，只能是染上严重自卑感，或是无知暴发户的狂妄所致，因为没有暴发，不可能这样挥霍。我希望多一些清醒人士，指出这种颓风的荒诞，使中国早日走出洋鬼子阵的迷途。深圳市和东莞市已察觉洋魅野鬼潜入民间，唤醒人民醒觉，楼盘命名已不可用洋名，可谓驱魔有术也！功德无量，回头是岸，阿弥陀佛！

中国有一句老话："酒不醉人人自醉"；套在弥漫着崇洋媚外的风气上，便成："洋不迷人人自迷"。

1.7 崇洋媚外的影响和后果

改革开放已30年，崇洋媚外势头有增无减，似乎越烧越烈。使我想起了《楚人学齐语》的故事（出自《滕文公下》："有楚大夫于此，欲其子之齐语也。……一齐人傅之，众楚人咻之，虽日挞而求其齐也，不可得矣。引而置之庄岳之间数年，虽日挞而求其楚，亦不可得矣。"大意是说：这里有个楚国的大夫，想叫他儿子学说齐国话。……请了一个楚国人来教他，周遭许多楚国人吵闹干扰，虽然天天用鞭子抽打，想他学会齐国话，结果还是没有学会。后来，这个大夫把儿子带到齐国的村镇住了几年，很快就学会了，反过来，要他说楚国话，尽管天天打他，也不会了！（录自《中国历史寓言选》，湖北人民出版社，1982。）

崇洋媚外也使我想起了《胡服骑射》的故事。战国时赵武灵王初执政时，有强国和胡人等少数民族，四面八方常常入侵，国力日衰。后来几经辛苦，包括故意被胡兵俘虏，才能混入胡军营，用心观察敌人练兵之术，然后逃走回国后，再辛苦、耐心说服了自己的老臣、老将，把士兵全部改穿胡服（即不穿阔袍大袖，而穿扎袖穿靴，便于上马下马），训练骑射（骑在马上，一边跑，一边拉弓射箭，不用马停下来才射）。将领士兵训练成功后，赵武灵王亲自统帅出征胡人，大败胡军，不但光复了以前的失地，并且大大增加了国土（录自《中国古代历史故事大观》，湖北少年儿童出版社，1992年）。

《楚人学齐语》中学他人文化，而忘记了自己的文化。《胡服骑射》学他人文明，战胜了他人文明，而保持自己文化。崇洋媚外是楚人学齐语乎？胡服骑射乎？

香港建筑师学会代表团于2002年访问澳洲。我问其中一位招待我们的白种人建筑师，他的业务状况如何？他说："还可以，我们百分之六十业务在中国。"我问他在中国需有多少职员？他说中国甲方，只要求一名白种人建筑师，坐在展销部，让顾客能够看到他便可！这是一出不可相信的闹剧，只要是正牌老外建筑师，洋驾亲临亮洋相，保正货真洋品，是出自洋手，便可货如轮转。试想，中国人看到了洋人，便买洋房，这是个什么世界！

在中国的土地，这种假洋建筑的比拟，就如乌贼，如变色蜥蜴，只是表皮变了，住在内里的人，仍然是中国人，有什么意思呢？但，如果房地产市场，只有这些乌贼和蜥蜴，老百姓也没办法。

我看过几篇文章，对目前的羡慕洋建筑，尤其是住宅楼宇，口诛笔伐，破口大骂。起码，在经济上，对上至国家，下至个人，有所损失。不单是设计费、顾问费，而且是洋人对自己的洋货熟识，喜欢用洋货、洋设备、洋建材，以后维修、补养（如汽车零件、配件）也要沿用；全要订货，不但贵过国产，而且，还要等货从外国运来，耽误了时间，最大的伤害是自尊心。

在北京，有一位教授，邀请我去看他已经付了定金，但还未能搬进去住的公寓。这是一个颇具规模的住房项目，由一位青年法国建筑师设计，是一组三、四层低密度楼房。公寓的平面设计，显然不适合北京人家庭用。但笑话不在这里，而是在大门口，来一个18世纪的雕塑，材料不是原来的意大利白色云石（大理石，产地在Carara），甚至不是花岗石，而是用混凝土堆塑出来的仿古希腊神话故事中的人物。大概是因为混凝土不能做得细致，在人物雕塑的外皮，便再扫一层石膏浆，结果是三不像！汽车进了大门后，便是巴黎式的树荫大道，其实不过是很窄的马路。路之尽头，是一座凯旋门模样的东西，物料也跟大门口的雕塑一样，都是糊里糊涂，而这个凯旋门，好像缩了水的袖珍版，不及原物二十分之一，我记不清楚了，反正没有心情看。我看见这样的胡闹，啼笑皆非，但很可能这个建筑闹剧，只是冰山一角。香港也有一座高层公寓大厦，索性取名"凯旋门"，不知纪念哪场商业战役胜利而建？

凯旋门是传统建筑文化，欧洲由罗马始建，中国也有华表，用以纪念胜利的战争，但不要忘记"一将功成万骨枯"，"古来征战几人回"，无论胜负，都是要牺牲很多人的宝贵生命。至于树荫大道也不是那么浪漫。拿破仑三世的统治权力，全仗军队和警察，并对新闻界加以严厉控制。尽管如此，巴黎仍常有暴民在九曲十三湾的狭窄街头闹事。拿破仑三世督令城市规划师奥斯曼（Georges-Engene Haussmann，1809-1891）扩建整个巴黎成为一个星形大路网，其中一条现今已成为世界著名、有钱人的太太小姐们崇拜的，是香榭丽舍大道，整条大道布满名贵商店，时尚名牌高档货品琳琅满目。由于奥斯曼的能干，这个星状大路网在1850~1870年内完成。每逢巴黎有暴民上街闹事，拿破仑三世的骑兵及马队拖拉的大炮，以高速抵达，炮轰暴民，称之为大炮大道（cannon-shot boulevard）。

可怖的文化菌

从实地和在报纸看到的假洋建筑，似是十七八世纪的巴黎、伦敦、威尼斯似是而非的假洋建筑，或只是用其名称，2008年6月又多了荷兰苑，在中国星罗棋布。花了钱而得到不伦不类的居住环境，给房地产商、老外建筑师骗了，也无可奈何，市面就是充满了这些东西。我当然和其他很多国内建筑师一样，感到痛心疾首！可是这个病，已患上了超过四分之一世纪之久，要寻找特效药，是不可能的。况且，这个病是中了"文化菌"的病毒，不是像列强侵占中国时，强加在中国民众头上的各种委屈凌辱，而现在是心甘情愿的自我迷惑。古语说，心病还需心药医；这是一个文化病，只能慢慢来用文化药长期医治——认识、了解洋文化和中国文化。但病由仍需要从根底里寻，就是要寻找，究竟为什么会有崇洋媚外的现象？如果能够找出了病源，抓着了病毒，才可以有医治方法的可能。

可是，冰封三尺，非一日之寒。何况这种病源，是染上了外来文化菌的毒，没有立治的特效药。而且中毒很深，还可以说，是患上了百年的老病，只能慢慢医治。从医学上看，往往致命的疾病多是由于并发症，某些领导层、房地产商和一些无知的传媒，都是并发症细菌，兴波作浪，防不胜防，要医治这个病就越加困难了。

从另一个角度去看，这种崇洋媚外的心态，有如单恋，一厢情愿。患上单恋，不能了解到对方的感受、性格、个性等素质，亦不理会继续单恋下去的后果。单恋假洋建筑的悲惨和荒谬，是不了解任何古建筑发展，有其物质和形式的历史沿革和意义，这就是建筑文化。所以，不是属于和了解这种建筑文化的人，是不可能与这些物质和形式有任何情感的关系。可以说，对方乐于替病人给予物质上和形式上的安排与设计，从中取利。洋建筑师、设计师，知道他们的异地创作，不论优劣，产品只能算是对牛弹琴；他们当然不须对病患者负责，可能，只有优越感。

集粹原来是杂碎

为什么我说假洋建筑？我们现下到北京和其他大陆城市，看到的洋建筑，就好比20世纪50年代和50年代前，在伦敦或纽约食中国菜；当时菜馆最流行的名菜，叫"集粹"（集中精粹）。在我来到伦敦前，我从来没有听过这道菜，我就问服务员，他说，英国鬼子，他们不懂欣赏真正的中国菜，我们做得再好，不过是牛嚼牡丹。所以，我们把肉切碎、瓜切碎、菜切碎、芽菜切碎，混在一起炒，加些酱油、麻油，我们在厨房称之为"杂碎"，材料便宜，利润又好。在菜牌上写为"集粹"，果然风行。当年的"杂碎"，是假中国菜，但不懂中国菜的洋人，吃得津津有味，就像现下，一些中国人喜好什么洋风格建筑一样，但利润当然比唐人街"杂碎"高得多，付出的代价也高得多！

假洋建筑的另一个解释：真洋建筑，像真中国建筑一样，也有历史朝代；虽然同在一国，也有地方风格，民族色彩的分别。比一个中国更为复杂的是，洋代表欧洲很多国家。单就当年八国联军算，除了日本（因日本洋化成功亦称为东洋），还有七国西洋：英、法、德、意、奥、美、俄，还没有计上北欧和东欧诸国。就拿文化年龄较轻的英国来算，也有1000年的历史；历代皇朝，有不同的朝代风格；民族有爱尔兰、苏格兰、威尔士和英格兰；各郡有各郡的色彩。如果有英格兰人，今天在伦敦郊区，建一座都铎式（Tudor style）住宅房子，就算完全根据Tudor朝代形式建成，也不过是Tudor式而已，因为它不是建于都铎年代，如造于清代的唐三彩，所以是假古董。

如果英国人在英国，住在假古董里面，还有一些意思，就是怀旧、思古文化，怀念祖宗；但是中国人在中国，住在"假洋古董"里，有什么意思呢？怀英国旧？思念英国之古文化？怀念英国人的老祖宗吗？如果住在法兰西式的假古皇宫、假古堡里，是怀念上过断头台的路易十六或他的妻子玛丽安托瓦妮特和法兰西贵族等无头老祖宗不成？！

崇洋媚外最危险的后果是5000年的中华文化会出现断层、断代，上代建筑文化没有传下代。更危险的是，下代得到上代传下来的，却是"假洋建筑"、假古董，比起鲁迅笔下的假洋鬼子，危害更大，因为崇洋媚外的病态，有很多方面，这里所诊的，只限于建筑形式而已，而这个病症，已像禽流感，遍及全国。像以上的假洋建筑个案，恐怕只是沧海一粟，每年耗资数以亿计，有部分还动用公款。

在21世纪，儒家学说在韩国比中国流行，而且付诸实行。如果在中国不积极继承、正确解读儒家的哲理，到2050年中国要敦请韩国专家，来华介绍孔丘是谁？他做过什么事？有过什么学说？诸子百家，也要请外国专家来中国，给中国人补中国文化课！

对一般人来说，就算5000年中华文化出现断层，那会有什么危险后果呢？我举一个实例。2006年11月香港《镜报月刊》的《神州动态》

栏中，以《炫富欺贫惹反感》为题，作者以亲身经历指出，当前中国内地社会上仍存在着急需改进的不和谐现象，诸如炫富欺贫广告就引起普遍反感。有关方面应当根据六中的要求认真改进，方得民心。又据新华网的一则消息披露，家住福州的郑先生，最近正考虑买房成家，却被一些广告弄得特别郁闷。他发现，许多房地产商的广告内容浮夸虚假。买得起的就被安上"望族"标签，买不起的平民老百姓算什么？这不是在欺人么？郑先生愤愤地说。又如某商场在展示奢侈品的橱窗内打出的广告，赫然写着："上流社会的价值观，中产阶级的生活方式，无产阶级的想入非非"。

炫富欺贫的无良广告，一方面为富人阶层的浮华奢侈推波助澜；另一方面放大了社会分化带来的人群特征，加剧了平民百姓，尤其是贫困阶层对社会生活的不公正感。当买房子对穷人而言，成为难以企及的梦想的时候，"穷人止步"的广告，更是在他们的伤口上撒盐。作者最后的结论是，落实以人为本，要善于倾听社会各个阶层的民意表达，尽可能地创造条件让每个公民都能生活得舒适，生活得有尊严和安全感；建设和谐社会，要特别重视改善和排除社会生活中那些不文明的"死角"。

文章最后，刊登了一座欧式巨型豪宅图片和标题：上海早前推出由华丽家族集团投资开发的中国大陆第一豪宅檀宫，每栋售价逾亿元。且看大江南北的豪宅，都是欧式，撒在穷人们的伤口也用上洋盐。

作者程天赐以上指出的种种弊端中，最严重的是由贫富悬殊带来社会分化。社会分化会形成社会断层和文化断层。目前的崇洋媚外心态，不仅限于建筑，而是对中国传统文化抛弃，甚至遗忘；直接和间接做成加重社会各阶层的矛盾与不和谐。我认为在改革开放的路途上，这种心态是很不正常和危险的。

读完了程君这篇文章，很自然想起了《论语·学而》中，孔子和子贡的对话：

子贡曰："贫而无谄，富而无骄，何如？"

子曰："可也。未若贫而乐，富而好礼者也。"

不久前我们还听过中国人的民族特性是刻苦耐劳，教育子孙要勤俭兴家，待人要谦虚有礼。传统哲学价值观、道德观与当今的崇洋媚外炫富欺贪相距何止千里！欧美的老百姓与我国的老百姓没有很大差别，但崇洋媚外的心态使中国百姓埋没了理性，以为炫富才是够帅。而地产商、广告商亦认为这种炫耀是买家的弱点便尽豪华虚荣轻浮之言语，令人忘记了自己是谁。

2008年冬我跟北大一位经济学系教授交谈，他说：后现代主义（Post Modernism）是从建筑现代主义（Modernism）来的，他反对国内一些经济学家也套用什么后现代主义，因为中国从来没有经历过现代主义，哪里来后现代主义呢？从1949年到1980年，中国家庭只有公共生活空间，没有个人生活空间。80年代后才有living room、bed room的分别。他是山西人，在农村长大，家里只有一个炕，全家都睡在那里，所以不能请朋友回家过夜睡觉。其实，抗日战争前后，我们一家八口在香港也只睡在两三张床，其中一张睡时才安装，睡醒后便要拆卸。我记得父母亲的大床，要睡上四个至五个人。所谓现代派和后现代派的分野在中国就是一个经济好转的过程，而与欧美的建筑建计派系、流派演变扯不上任何关系。

我在1983年应中国建筑学会之邀请，到北京作学术报告，当时我已注意到国内也有建筑师倡议什么莫名其妙后现代派主义的建筑物，我也说过有关后现代派主义，逻辑上不可能在中国土地生长出来的，因为中国根本没有现代派主义，现代派主义是由于欧洲工业革命产生的。中国的后现代主义建筑，只能是由崇洋建筑师抄袭过来的。对这位脚踏实地的教授来说，西方建筑现代主义刺激起后现代主义；几乎在同一时期，中国家庭设计由只有公共生活空间演变为"公共生活空间+私人生活空间"。对亿万的中国老百姓来说，这个社会演变，是比任何什么建筑流派，意义重要得多。

从80年代一家人睡在一个炕到现在的一亿元人民币豪宅，除了展示了目前中国的贫富悬殊问题极为严重外，还带出了另一个部分人过度迅速发展物质享受的社会问题，就是部分人对物质享受超速达到，远远快过精神上、思想上所需的成熟生长期，以至心灵上有点空虚。

精神污染比物质污染更有害

于丹的《〈论语〉心得》解释这个问题如下：

"中国在20世纪80年代末曾经参加过一次国际调查，数据显示，当时国民幸福指数只有64%左右。

"1991年再次参加调查，这个幸福指数提升了，到了73%左右，这得益于物质生活条件的提升和很多改革措施的实施。

"但等到1996年再参加调查时，发现这个指数下跌到了68%。

"这是一件很令人困惑的事情。它说明，即使一个社会物质文明极大繁荣，享受着这种文明成果的现代人仍然有可能存在极为复杂的心灵困惑。

"让我们回到两千五百多年以前，看看就在那样一个物质匮乏的时代，那些圣贤是什么样子。

"孔夫子最喜欢的一个学生叫颜回，他曾经夸赞这个学生说：'贤哉，回也！一箪食，一瓢饮，在陋巷，人不堪其忧，回也不改其乐。贤哉，回也！'（《论语，雍也》）……

"颜回真正令人最佩的并不是能够忍受这么艰苦的生活境遇，而是他的生活态度。在所有人都以这种生活为苦、哀叹抱怨的时候，颜回却不改变他乐观的态度。

"诚然，谁都不愿意过苦日子，但是单纯依靠物质的极大丰富同样不能解决心灵的问题。

"我们的物质生活显然在提高，但是许多人却越来越不满了。因为他看到周围总还有乍富的阶层，总还有让自己不平衡的事物。

"其实，一个人的视力本有两种功能：一个是向外去，无限宽广地拓展世界；另一个是向内来，无限深刻地去发现内心。

"我们的眼睛总是看外界太多，看心灵太少。

"孔夫子能够教我们的快乐秘诀，就是如何去找到你内心的安宁。"

要寻找你内心的安宁，首先就要认识你自己。我和中外朋友、学人、年轻人、学生谈话，当谈到中国文化、民族性、传统、风格与其他国家相比时，我常用浅而易明的英语说，我们应该首先认识自我：

We are not superior,	我们没有优越感，
We are not inferior,	我们没有自卑感，
We are just different,	我们只是与别人不同，
And we are proud of our difference。	而对这些不同点，我们感觉骄傲。

不明白这个浅白的道理，便会养成有优越感的假象，或莫须有的自卑感，我认为有礼貌和谦虚就是我们与别人不同的最大特点之一。你要炫富是你的事，你要羡慕富豪也是你的事，你是富人与我无关。就算我能够做到富豪，也会："知其雄，守其雌，为天下蹊。为天下蹊，常德不离，复归于婴儿。"（老子《道德经》第二十八章）

老子这一章道理相当深奥，但用现代语解释，大意是：虽然你有实力独占鳌头，你却靠边站，保持谦虚和淳朴之风，返璞归真，永远不败。

西方物质追求的生活方式，永无止境，因为这就是以消费主义作为经济发展的基础。在这种竞争下，少数人暂时胜出，大部分人不满，不开心。开心的人也不会长久，因为很多你旁边的人，物质享受比你好。那么我们怎样看待物质呢？我对同龄的朋友常以"简化生活丰富生命"共勉。物质只能对生活方式有影响，有了温饱其他可以简化。如果我们能自我增值、自我富足，进而能对他人、社会、国家，以至全世界有帮助，生命是何其丰富！

前贤学说在现代社会的作用

但是，在我拿出前贤的话来时，必须加以识、辨、取、舍，说明这是两百年前的学说，在那个百家争鸣的时候，是奴隶社会时期，有些学说已不适合现代社会。但有些学说、道理、人生观对现代处世和个人修养，两千多年后仍然有助，如：

己所不欲，勿施于人。

智者不惑，仁者不忧，勇者不惧。

持其志无暴其气，敏于事而慎于言。

敏于事而慎于言，就有道而正焉。

生于忧患，死于安乐。

锲而不舍，金石可镂。

君子和而不同，小人同而不和。

志于道，据于德，依于仁，游于艺。

喜怒哀乐之未发，谓之中；发而皆中节者，谓之和；致中和天地位焉，万物育焉。

人无远虑，必有近忧。

学而不思则罔，思而不学则殆。

至于孔夫子称赞颜回之贫而乐是有问题的，孔子在"文化大革命"时被打为孔家店，说他专为他服务的帝皇说话，愚辱百姓；如果老百姓贫而乐，满于现状，帝皇便不需改善人民的生活了。

现在是21世纪的中国，改革开放已30年，怎能再愚民，希望他们满于现状呢？其实全球诸国无论最早达到发展国家如美、英、法、意、荷等，战后新贵如日本，近年还有巴西、印度，也不是有很多穷人吗？工业革命以后产生了资本主义、共产主义、社会主义，等等，但300年来，无论信奉什么主义的国家，不都有穷人吗？中国推行了富有中国特色的社会主义刚30年，我们就奢望中国没有穷人吗？当然不可能，其中因素很多，主要是无论什么主义，它都要靠"人"去宣传、演绎、推动。国家越大，人口越多，便要靠很多人去宣传、演绎、推动。这些职责上去推动的人的道德观念和素质水平参差不一，做成东南西北的、高山洼地的、山高皇帝远的，情况完全不一样，贫富悬殊，利益不能平均分配，"人"的因素是发展途中最大的变量。总之，自有人类以来，社会便有贫有富。

"贵族猫"的梦想

香港最近某些房地产商的广告，竟然用：

欧陆庭园皇者国度

御林皇廷气派万千

这当然是房地产商的诱饵，或出于无知、无聊，认为买房子的客户，不满意自己的面目，希望换另一张脸，可以做整容手术，甚至改变身份，摇身一变，变成皇室一员。在美国，女士们整容和改变身型，是极其普遍的事，国内近年也开始流行。有些人为了保持她（他）们的生计，不得不尽量延长青春，保持貌美，才能保住她们的职业，这是可以谅解的。有些人认为自己面貌丑陋，整容后会令她们增加信心，这亦是可以理解的。但把自己的容貌，改成欧洲白种人的嘴脸、七彩的头发，是自欺而又不能欺人，是非常值得可怜的，比"东施效颦"的笑话更可悲。如买下了"欧陆庭园 皇者国度 御林皇廷 气派万千"的房子，买家便可相信摇身一变成为皇室贵族，可住进欧陆庭园，御林皇廷，走路起来也有气派万千吗！当然，房地产商不相信自己的广告，买家更不会相信这些天方夜谭，那么，这是什么鬼话！只能用崇洋媚外妖风吹至，令买卖家做梦吃发神经病，尔虞我诈，才能略为解释！

美国第五大城的衰落

香港英文《南华早报》（2010年1月3日）以《被遗弃的颓丧结局》（Abandon ship）为题的文章在艺术版刊登有关底特律的近况。作者Mike Householder 以下句作为题目的引导：

Depressed, depopulated Detroit is the unlikely home of a renaissance in social commentary.

萧条的、人口流失的底特律城不会使社会重生论在此找到家园。

底特律为美国第五大城，资本主义世界最大的汽车工业中心。在伊利湖西北底特律河西岸，同对岸加拿大的温莎（Windsor）汽车工业城有桥梁、地下隧道相通。人口167万（1960年），仅次于纽约、芝加哥、洛杉矶和费城。1950~1960年间，该市居民减少约十分一。该地原为一皮毛贸易站和伐木业中心。1824年建市。1899年开始制造汽车。现为美国各大汽车垄断组织及其主要工厂集中地，汽车厂工人约占全市工人总数的60%。钢铁、飞机及坦克制造、仪器工业等也都发达。

在中国汽车制造业兴起前，20世纪70年代起早已有日本和韩国渐渐取代美国汽车制造业和世界市场，80~90年代欧洲的高科技、时尚设计、传统高贵车给美国大而无当的高价车最致命一击，2009年美国汽车制造业宣告破产。

现在回到这篇文章，作者描述一些艺术家把荒凉的街道、荒废的住宅和弃置的家庭用具，以艺术手法（如在墙上加上鲜艳的图案，用弃置的厨具、洁具、汽车做成雕塑），以吸引外界人士注意，告诉他们底特律正走向衰退腐朽。同时同地，以艺术手法展示如何可以使垂死之城重生。作者认为底特律的衰落，不单是经济问题，但他又说不出其他原因，只能介绍艺术家，其中一位在二十三年前已开始工作，亦即是说，在80年代底特律已开始走向衰落之途。

因为这是一篇从艺术观点看城市衰落的文章，所以着重介绍艺人和他们的艺术，而没有介绍工业萎缩情况、工人失业和人口流失数字等数据。但我们可以以此美国第一代工业大城市为鉴，给中国当今正在疯狂地、迅速地、充满热诚地和满怀希望地全国城市化一个警告（参看拙作《城市化危机》），如果以崇洋心态随着美国城市发展模式进行结果也会像底特律收场。

底特律衰落的启示

无论是欧洲或是美国，工业发达的背后必先有创新。欧洲的蒸汽机、发电机是铁路火车和电灯电器等工业的源头；引擎和电子是美国汽车、飞机、电信器材制造业的源头。没有创新创意便没有工业，便没有兰开斯特、曼彻斯特、底特律。

中国的工业首靠"来料加工"，后靠"技术转让"，金融风暴后靠"增加内销"。20多年来，北京、上海、深圳等一线城市极力发展创新创意之时，不幸抑制、控制了多年的房地产业，随着香港，"冒出了它的丑恶的头来"（英俚语寓僭伏不好的东西再现为rising its ugly head中译）。房地产在香港80年代工业北移后，迅速发展起来，20年内成为百业不如房地产，成为香港经济唯一的支柱。香港回归后房地产业衰退，香港经济便衰退。如今，房地产又冒出了它的头来，而且比以前更丑恶。目前香港的"深层矛盾"主角之一就是高地价、高房屋价，最大受害者之一就是"80后"（1980年后出生的年轻一代），其中就算有最高学历和找到最好工作，多年来没有经济能力结婚，结了婚后也不能供屋。这种积怨令80后参加各种反政府活动，包括冲击香港中联办、立法会。

房地产业本身不丑陋，但如果它变为一地或一国的唯一产业，便开始丑陋，因为其他产业不如地产业，便不会发展起来，或令到有创新企业头脑的人也不去发展其他产业。如果不加调控（如兴建新楼房前的资本条件、税收、沽售等法律手段）它便会妨害、妨碍其他创新创意的产业。这不是房地产商的罪恶，他们的目的是赚钱，不是危害市民、国民。调控是国家的责任。危害香港80后事小，危害中国各大城市事大。没有科研便没科技，没有科技便没有创新，没有创新便没有国际竞争力，没有国际竞争力便失去国际市场，没有国际市场便使工业城市萎缩，使它们步上底特律的后尘。

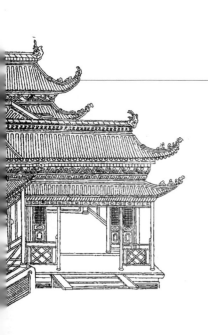

第二章

为什么会有崇洋媚外？

中国古代没有建筑理论，可能是因为古代没有建筑师，但是以上列举的文人足以弥补这个缺憾。还有，是中国自古至今，不会缺少美学理论，我们现代人可以发掘、发现文人对人造环境和天然环境的记载、赞美，其中不乏天然美、建筑美的理论。这种宏观理论，比维鲁特威的完整、完美、完善得多！皆因为中国传统哲学观念，是尊敬大自然，追求与大自然协调与大自然共处、共存。

远因：1949 年新中国成立前

2.1 中国古代建筑文化在术、技、匠、艺的混淆，导致理论不清晰

中国自古以来哲人、文人、诗人、词人、画家、书法家，甚至艺妓，可以流芳百世，史有其名，唯独建筑师无名，是否因为建筑设计从来不当作艺术创作，所以建筑设计者只能当作是匠人。没有社会地位的匠人又怎能有理论呢？那么，究竟中国有没有建筑理论呢？这个问题很值得我们建筑师去思考。

中国自古以来，建筑好像真的没有理论，因为从皇帝的宫殿至各皇族、各大臣、官员的王府、官邸的设计，《周礼》早有严格的规定。阅读《营造法式》（北宋李诫，字明仲，奉敕编修，1100年编成，1103年刊印颁发）才知道这法式，不但包括规定形制、尺度，还包括材料、装饰和颜色的标准和运用。这些严格法式，很久以前，在某种程度上，已封杀了建筑理论的发展和发表。

从周礼到《营造法式》，内容和作用都属法则性、规范性、格式性、条例性的控制方法和手段，对城市设计和官式及公共建筑的发展上，是起着监督性、管治性、规格性的作用；而对设计性、创造性，不但没有鼓励，并且加以严控。从《周礼》亦得知营造城都建设者称"匠人"。

著名匠人鲁班

在香港的建造行业里，尊称鲁班为先师，在他的生日，干这行业的人士都会庆祝。我记得我在小学和初中时，务建造行业的父亲，每年在鲁班生日，吃过早饭便率领我家男丁及公司的管工、木匠、学徒，携带金猪、鲜果、米酒、香烛，前往鲁班庙拜祭先师。晚上公司店铺前张罗灯笼，门前是左邻右里的街坊排队领饭菜，因为吃过鲁班饭，孩子会快长高大，读书聪明。每到这佳日，母亲统领公司厨师和学徒，清晨便往街市买菜。吃过午饭，便准备一切饭菜，晚饭后，主持分派事宜，忙中还要与街坊婶母打招呼，喜气洋溢于眉梢。每年除春节外，这个师傅诞是她的第二主要节日。所以，鲁班对我来说是特别勾起我的家庭生活回忆，是特别有情感的生命一页。

根据《辞海》，鲁班是：

"我国古代的建筑工匠。传说姓公输名般，春秋时鲁国人，般与班同音，故称鲁班。据传曾创造攻城的云梯和刨、钻等土木作工具。我国建筑工匠尊为'祖师'。"

为什么鲁班这样著名的历史人物，他的姓名也只能是传说而已？而我们对罗马时代的建筑师维特鲁威（Vitruvius）和他的建筑定义却能朗朗上口？

根据张钦楠著的《中国古代建筑师》（北京三联书店，2008年）有关鲁班的资料：

在河北蓟州城里，有鲁班庙（据罗哲文先生称这是国内唯一独立供奉鲁班的庙），里面供奉的是公元前5世纪鲁国的公输般。因为"般"与"班"同音，因此认定公输般就是传说中的鲁班。据介绍，公输般发明过攻城的云梯，也发明过滑翔机。这都是战争工具（钟按：战争工具与意大利文艺复兴时代的达·芬奇Leonardo da Vinci相约)。

据民间传说，鲁班是春秋时期人，是中国木匠的师祖，他发明了木工用的锯子、墨斗，还发明了纸伞。

我的体会，鲁班是中国千千万万个无名匠师的总代表，是一个虚拟物。

张钦楠在他以上的书里的"前言：寻找中国古代建筑师"说得很清楚：

"中国历史上对建筑师的轻视，倒不是受这种'读者中心论'的影响，而是一种轻视技术、轻视工匠的陋习和一种否定建筑文化意义的偏见在作怪。即使到了现代，建筑师职业有相当一个时期不被认可为独立的专业，而是算作工程师的一个分支。直至现下，也常常见到这样的现象：一个建筑落成剪彩，媒体进行报导时，参加的领导名字一个不漏，而建筑师却无人提及（外国建筑师例外）。"

张钦楠指出中国轻视技术、轻视工匠、否定建筑文化意义；直至现下，轻视中国自己的建筑师，却重视外国建筑师。我可以加一句，外国建筑师中尤以洋建筑师最吃香！

古中国的传统士大夫和科举社会，匠人是没有他位的，更没有期望匠人会写出任何理论出来。何况，周礼既然有了法则，还有谁敢发表营造理论？建筑学除了被视为"术"和"技"，更被法定为"匠"。

艺术实践与理论的关系

任何文化、事业、企业等发展，是靠实践与理论，相继持续进行，相辅相成，才有进步。中国的古文、诗词、文学、绘画、书法等艺术历代有理论著述，每次有理论述著后，便有不同的意见或反对这个论述的反论调，同时，亦可能更有第三个论述出现，否定前两个理论。这种盛况，非常热闹，内容丰富，多姿多彩，历代理论和实践，并驾齐驱。有理论便有评论，有评论便有比较、变化和创新。理论和评论，对实践增加思维和激情；独建筑甚少，到明代才有计成的《园冶》，才有叠石，以假山仿真山的造园理论，这个效法天然，便成了造园的破天荒建筑理论。《园冶》在历史地位来说，已属创举，不会被摇动。但严格来说，在《园冶》论园林的相地、立基、屋宇等各篇中，涉及理论的话题很少，大部分内容有点像现代的"实践手册"之类的知识，或属"施工程序"中的步骤、章程、方法等条文。所以比起文学、绘画、书法等理论的进展和变化，不够灵活，甚至有些因循、呆板。在理论创意方面，稍逊其他艺术。但计成的地位乃是首创，理论地位是不会动摇的。

幸好，中国民居及寺庙建筑，只要不高攀去仿效宫廷或官邸，便不受法则、法式所限，发展比较灵活化和多样化。其中最大的原因是因地制宜，地方文化，地理环境，包括工地、气候、建筑材料。但民居的资源有限，而且功能上和建筑类型上亦有限，所以发展的范围亦有限。可是民居的发展深度胜在时间的累积，每隔一两代的时间，房子又添多了一些，虽然历代略有变化，但淳朴浑浓的风格始终统一，而节奏感和鱼鳞般的层次感有增无减，这是民居的一大特色。而寺庙因选址，多以天然环境优越独特胜，建筑风格亦有相当自由度，历代有所创造。

私人园林是中国民居的奇葩。从资源这方面看，园林主人多退休高官，商人巨贾，所以，园林在建材运用、空间处理，尤其是闲逸空间，如庭院、廊、亭、池、榭、林等，比一般民居丰富，投入的资源亦因此比较大。由于主人文化深度的关系，园林在建筑文化内涵上，较有书卷气。但一般民居的群体形态，却比园林更有组织性、层次性、机理性、架构性和节拍性。传统园林和民居，不愧是中国的建筑文化瑰宝，个别民村和园林，历代放出异彩。换句话说，如果民居有建宫廷的资源，有园林的理论，它的发展，必定会更多姿多彩。宫廷建筑设计，欠缺明文理论，根据遗址和遗址的复原图，以当时的建筑科技与技术来看，可以说它发展缓慢，变化有限，但每个朝代，亦有不同形体和比前代有进步。

从中国传统文化的观念来看，建筑从来不算是"意"，而是"匠"；不算是"艺术"，而是"技术"；不需感性，只需理性；是理智科技产品，不会令人产生境界；某些风水师，只会浑水摸鱼，成为江湖术士。

中国何时有建筑一词

从整个建筑文明和建筑文化的发展过程来看，很难找到历史怎样看待建筑和建筑师，社会对建筑师如何定位。其实，当我们用建筑和建筑师这两个名词时，不久以前认为已是犯错，因为历史文献中，找不到这两个名词。根据杨永生写的《建筑一词的由来》一文（《中国建设报》2003年）：

在建筑学界至今一般还认为'建筑'一词是近代由日本引进。……而在此前，在1997年出版的《建苑拾英》第二辑的出版说明中已明确指出：明清时期，'建筑'一词，已在广大地区流行了。……其依据主要是清代的《古今图书集成》，中华书局1934年影印本。现分列如下：

《建筑疏稿》：嘉靖十七年11月敕兵部右侍郎樊继祖，沙河驻跸之所，宜有城池，其往相度。（第66册21页）

沂州城按《沂州志》：……追康熙十二年，详情题奏，奉旨给帑节核八千余两，知州邵氏重筑，凡延褒广阔一如旧制，女墙楼垛建筑重新，万年之图，得以永赖。（第80册7页）

安府城池即隋唐京城。……皇清顺治六年建筑满城，割县城东北隅属邑治。(第101册10页)

娥眉县城池……则今之域基，自唐时始矣。明赵、吴两令建筑。……今于皇康熙乙丑岁，知县房屋着奉行估修。按总志，是佥事卢翊督赵钺建筑。(第111册27页)

综上所说这已是不辩的事实。那么，为什么学术界都说是从日本引进的呢？一是上述'明清说'是在《建苑拾英》出版说明中写的，不为人们重视，或曰没看见；二是确无人在上万卷的《古今图书集成》中去海里捞针，查核建筑一词的来历。

今天我们得以重新认识'建筑'一词的由来，纠正'日本说'，应该感谢《建苑拾英》一书编者们的辛劳。"

根据以上的考究，建筑一词在明、清时期已在广大地区流行。但古代建筑却早已见诸西安半坡。如果由简陋土坑、木柱构成的原始居住房子，不算是建筑，那么，到后来的很具规模的建筑群，不是建筑，是什么呢？嘉靖以前是否真的没有建筑这两个字呢？还是尚未发现呢？或可能如殷商时代之青铜器，每件都有专有名词呢？单是盛器已有爵、斝、鼎、壶、簋、觚、尊、盉、卣、觥、觯、盂、盘、匜、鉴、釜、敦、升。而建筑物分宫、殿、庙、寺、观、亭、台、楼、阁、府、邸、室、舍等，而不统称之为建筑物。如果读20世纪以来的书，看不见建筑实物的，多称之为遗址，可能是不敢武断实物是什么类型建筑物。

如果建筑一词，算它源自嘉靖，理论一词，我找不到任何书能考证源于何时，很可能是现代词，也可能这是我大胆假设。无论如何建筑理论一词，肯定是现代词，而评论建筑的人，当然不是建筑师（因为在那些时代没有这个专业人士），也不是匠人，而是文人，他们的作品涉及描叙、品味与评论建筑、天然和人造环境，可以当作理论看待，这是中国古代建筑理论的一大特点，亦可能因为这个原因，这些建筑理论，常被作者的文采遮盖了。

中国古代文学家便成了中国最早的建筑理论代言人。

众所周知，文人不是建筑师，因为古代有文人而没有建筑师。如果用现代语言说：中国有些古代文学家是中国最早的建筑理论代言人，便比较容易接受、比较合理。

试看看我初中时读的《阿房宫赋》，现敬选录如下：

"六王毕，四海一。蜀山兀，阿房出。覆压三百余里，隔离天日。骊山北构而西折，直走咸阳。二川溶溶，流入宫墙。五步一楼，十步一阁。廊腰缦回，檐牙高啄。各抱地势，钩心斗角。盘盘然，囷囷然，蜂房水涡，矗不知乎几千万落。长桥卧波，未云何龙？复道行空，不霁何虹？高低冥迷，不知西东。歌台暖响，春光融融。舞殿冷袖，风雨凄凄。一日之内，一宫之间，而气候不齐。……"

这一段描述阿房的历史背景、地理环境、整体布局、自然地貌、建筑设计的对称和对比，除了令人惊叹其建筑规模庞大，丰富的景观设计，穷奢极侈外，更敬佩作者杜牧的文采。最后警世结论，全球的领导人，应该每天一读，兹录于后：

"呜呼！灭六国者，六国也，非秦也。族秦者，秦也，非天下也。嗟夫！使六国各爱其人，则足以拒秦；秦复爱六国之人，则递三世可至万世而为君，谁得而族灭也。秦人不暇自哀，而后人哀之；后人哀之，而不监之，亦使后人而复哀后人也。"

作者对管治之道，以一"爱"字作结语，非常精辟。阿房宫虽然不再，但亦可由此赋想象其气势。中国古代文人对大自然、建筑和人造环境，不但观察入微，并对政治有独到的道德和哲理的理论。

《滕王阁序》也是我初中时读过的，但和《阿房宫赋》等古文一样，初中时要背书的，这可难倒了我，不但因为对文章不全了解，而且先天没有记性，是无法背的，每每出丑，加上留堂。正因为这个原因，每隔若干年后，便自觉必须重读。选购有对字、辞、句、文有现代语言解释的书阅读，这才开始明白，开始欣赏。现尊敬选录于后：

"豫章故郡，洪都新府。星分翼轸，地接衡庐。襟三江而带五湖，控蛮荆而引瓯越。物华天宝，龙光射牛斗之墟；人杰地灵，徐孺下陈蕃之榻。雄州雾列，俊彩星驰。台隍枕夷夏之交，宾主尽东南之美。……

"时维九月，序属三秋。潦水尽而寒潭清，烟光凝而暮山紫。俨骖騑于上路，访风景于崇阿。临帝子之长洲，得仙人之旧馆。层峦耸翠，上出重霄；飞阁流丹，下临无地。鹤汀凫渚，穷岛屿之萦回；桂殿兰宫，即冈峦之体势。

"披绣闼，俯雕甍。山原旷其盈视，川泽纡其骇瞩。闾阎扑地，钟鸣鼎食之家；舸舰迷津，青雀黄龙之舳。云销雨霁，彩彻区明。落霞与孤鹜齐飞，秋水共长天一色。渔歌唱晚，响穷彭蠡之滨；雁阵惊寒，声断衡阳之浦。……

"滕王高阁临江渚，佩玉鸣鸾罢歌舞。画栋朝飞南浦云，珠帘暮卷西山雨。闲云潭影日悠悠，物换星移几度秋。阁中帝子今何在？槛外长江空自流。"

作者王勃不刻意描写滕王阁建筑物，而集中强调分析其地理环境、山河气势，景物变化、时序不常，并加上天文风水；以喻人生世事如长江，不断空自流。读来使人赞叹作者之文采气势天才，亦令人对生命大有感慨。描叙建筑物只有"画栋朝飞南浦云，珠帘暮卷西山雨"两句，而且两句中，一半与建筑无关。但无论任何建筑物，它的自然环境和与环境的关系比建筑物本身更重要，即选址和因地而建造是也。而建筑物如经过摧毁后，可在原址重建；但原址的天然环境，只得一个，如被摧毁了，便永远不再。"物华天宝，人杰地灵"的条件现象，和"落霞与孤鹜齐飞，秋水共长天一色"的自然现象，世间是没有一个建筑师，能够设计出来的！其实，王勃的惊人观察力和文采透视出滕王阁的设计者，是集文化和综合技艺超人的建筑师、景观师、规划师、工程师、风水师、环境设计师和文人于一身的奇才！古代建筑师个别虽然没有姓名，幸有文人如杜牧、王维等，后人才有机会透过他的文字，能欣赏到这样高超的设计、意境和境界。

更重要的是，下一代的建筑设计匠，将会受上一代如王维等文人的作品影响，而这些建筑匠的作品，将会影响下一代的文人，循环不息，代代相传。

《陋室铭》亦是初中必读的古文，意义深长。作者刘禹锡，以不甚秀丽（比起王勃的彩虹式文墨）但简洁，文意深远，寓意馨然的文笔，文短意长，道出了他的理想住居环境。现敬录全文于后：

"山不在高，有仙则名。水不在深，有龙则灵。斯是陋室，惟吾德馨。苔痕上阶绿，草色入帘青。谈笑有鸿儒，往来无白丁。可以调素琴，阅金经。无丝竹之乱耳，无案牍之劳形。南阳诸葛庐，西蜀子云亭。孔子云：'何陋之有？'"

这是典型中国文人对周边环境和大自然要求的执着，同时又洒脱；作者不像王勃的《滕王阁序》，集中在大自然地理环境，而是超出一切，包括大自然和物质，以人为主，更重要的是对自己有信心、自傲，和自我定位。

由《阿房宫赋》《滕王阁序》至《陋室铭》，充满人造环境与大自然的和谐理论，由陋室小环境至"闲云潭影日悠悠，物换星移几度秋"的无限时空概念；还有评价人性、人格，最后是自我肯定。

对我来说，因抗日战争失学四年，战后回港读初中一，年已超龄，再留级一年，初中念了共四年，初中毕业那年已18岁。到读建筑系第一年，我是全班最老，时年二十有三！回想初中读中国古文学，如牛嚼牡丹。幸好牛胃有反刍的特异功能，反刍了60年，牡丹之佳味，越来越香醇，有益身心。为什么我花时间回忆这段故事呢？因为中国文学和文化与我们一般的中学学龄有点不对称，但中国必读的文章和必须认识的文化，多如过江之鲫，长如万里长城，浩如天上繁星，教育专家认为，如不在这六年塞进去，往后读大学（除文学科外）或失学，便永远失去机会。虽然塞进去的只是一些样板，不及宝藏里九牛一毛，已是不易明白，不易了解。整个吸收知识时期与人生光阴过程是活动的，一瞬即逝，所以必于这段时期塞进去。但亦正因为它们（知识与时间）是活动的，我还是可以回头再读——反刍，放弃了反刍，便失去了这个对我非常重要的精神成长滋养的机会。

中外建筑文化理论比较

在奴隶、封建社会制度下，谁敢去评论皇帝、贵族的建筑？既然没有评论文化，理论文化便莫须有。况且，建筑法则，本来就是要突出阶级的象征，没有直接干预或干扰国策和民生。文人墨客的评论，互相批评作品，无伤大雅，不涉干预皇权。除了搔着少数有艺术细胞的皇族痒处外，一般统治阶级，都甘作旁观者。

欧洲在罗马帝国时期的公元第一世纪，已有建筑理论。罗马建筑师维特鲁威认为，建筑必须具有三种因素：一是功能（utilitas）；二是稳固（firmitas）；三是美观（venustas）。现代英国建筑师沃顿（Sir Henry Wotton）几乎把它直译为commodity，firmness，delight，而驰名后世。从罗马时代到19世纪，欧洲古建筑发展的速度和变化，不比中国快，不比中国大。但在工业革命后，欧洲和美国，便一日千里。其中主要因素是工业革命推动了新商品生产系统、产生了中产阶级、产生了新社会、新秩序、新物料、新建材，引发新需求、新设计、新结构等建筑文明。相继而来的20世纪，便是由个人开创建筑设计风格，个别人领导某种潮流，但直到现在21世纪，仍然是派别性、风格性、技巧性的发展。我看不见西方某国、某民族建筑文化的延续和发展。

所有20世纪以来至今的百花齐放、百家争鸣、各放异彩等现象仍然是囿于建筑文明理论。譬如，自古以来，从未有过这样那样的新建材、新技术，从未有过这么大的大跨度结构，从未有过这么高的高层建筑，从未有过这样新颖的形式。结果，产生新的思维和理论，都属新科技、新文明。但第一代的（19世纪末至20世纪）西方建筑师，是对新建材、新社会秩序反应，是真心、专心、终生为了创造新的建筑和新的建筑理论，去满足这新需求，但很多理论，仍然是源于罗马时代的基础。在这个新时代中，不只是一两个新建筑师，而是一大群，在欧洲各国和美国，各自创建新建筑和新理论，常常有互相批评。由批评产生更多辩论，更多理论，产生更多试验式、实验式的新建筑，尤其是在世界博览会场所（大跨度、新结构、新造型就是在这种国际展览中相争亮相），各国以能推出自己新创、独创一格的新建筑为荣耀自豪。这个循环式的"实践—理论—创新—再实践—再理论—再创新"，便成为西方新建筑的新传统，流行至今。建筑史家称这段时期为现代运动、高科技时期。由此可见，理论是创造任何艺术和科技的重要环节。但西方建筑文化理论着重发明新的建筑文明，而不是着意在发掘、继承建筑文化。

所以，我对中国没现代建筑文化，完全没有自卑感，因为我们没有工业革命，没有现代运动，同期，有救国的五四运动。但我相信改革开放令中国吸收西方建筑文明和不伦不类的建筑文化。不久的将来肯定有醒觉时期，将会有中国特色的建筑文化来临。

现代中国建筑师多注重实践、实干，少有理论。大部分仍然受传统文化影响，很少相互评论，更少批评。这个局面将会改变，带回像20世纪80年代的神似形似式的大争论。那时，在20世纪内，便是中国现代建筑文化爆发萌芽时期。

中国古代审美观

中国古代没有建筑理论，可能是因为古代没有建筑师，但是以上列举的文人足以弥补这个缺憾。还有，是中国自古至今，不会缺少美学理论，我们现代人可以发掘、发现文人对人造环境和天然环境的记载、赞美，其中不乏天然美、建筑美的理论。这种宏观理论，比维特鲁威的完整、完美、完善得多！皆因为中国传统哲学观念，是尊敬大自然，追求与大自然协调，与大自然共处、共存。

缺乏现代建筑理论的问题

缺乏现代建筑理论，无须抄袭或模仿他人（尤其是西方的理论）的制成品或成果作为补赏，这是不可能的。因为西方的现代运动的理论是源于工业革命，而工业革命对现代运动的影响有三种循环因素：第一是由于利用廉价劳工和机器，大量生产制成品；第二是由机械原动力代替了人、畜原动力；第三是与此同时，工业国家把制成品高价销售或强迫销售到盛产原料的弱国去，再以平价购买或强迫购买当地原料，运回自己国家，用廉价劳工（包括未成年的童工），再大量生产制成品，又运往弱国出售。所以,所有这些工业国家在19世纪,出产了三种新中产阶层……工、商和运输业的富豪,他们除了兴建花园豪宅自己享受,还大量投资工厂、办公大楼、轮船、房地产业等。这三种互动的循环因素使建筑设计和建筑业发展变化很大。在这个时期,中国没有工业革命,也没有机会参与,因而没有与现代运动俱来的现代建筑理论。

一直等了几乎一百年后才有机会,这个"机会",是指改革开放后,在社会安定和有经济条件下,参与建筑活动。可惜,机会来了,却有些不知所措和迫不及待,没有理性地分析社会阶层结构、个人生活方式、如何分配资源和生产力、城乡基础建设方向和秩序等大问题。各地的建筑发展如雨后春笋地蓬勃,亦如羊群效应地乱冲、乱撞,来不及亦没有人去考虑中国传统建筑风格和文化的延续问题。某些领导、房地产商要立竿见影,其中最快、最容易的方法便是选择现成建筑模式作为解决所需的办法。现成建筑模式包罗万象,任君选择,香港式建筑也曾是第一个受宠儿,然后是海外华人建筑师,财势大了便选择洋人了。很大程度上,这是在一个理论真空情况下的行为。可惜,到30年后的今天,建筑业铺天盖地、如雨后春笋般进行,在一个静寂无声的理论真空情况下进行。常有洋建筑师,参加在华设计比赛时,发表一些似是而非的、迎合主办者口味的建筑理论。胜出得到任务后,便目中无人,赐以什么建筑设计才是最适合中国的宣言,更有把中国传统理论,包括风水,硬塞于其设计理论之间,逗得主办人洋洋自得:"这位洋建筑师真个是中国通呀!"

从20世纪80年代中期,至整个90年代的现代建筑发展悲剧是:有机会搞设计的建筑师,大部分没有理论;有理论的,大部分没有机会搞设计;由90年代初至今,有设计理论和设计能力的外国品牌建筑师,便乘虚而入,哪管这些理论是否适应中国国情和生活文化。

如果中国有关的领导阶层、房地产商、建筑师认识到和欣赏文人建筑、环境、意境、境界理论，如书法、绘画、文学，以至雕塑、陶瓷，便不会有如今天这般崇洋媚外，令建筑文化迷失大方向。

2.2 科技在明代"海禁"后一直在走下坡

海禁意味着朝廷官官相争，政经不和，断绝与外国交流，闭关自守，科技进展受阻，国力衰退。恰巧在这个时期是欧洲现代科学之始。这个文明强弱差距，种下了列强300年后，经济和军事入侵的种子。

明朝海禁前

中国科技，至15世纪中叶，走在世界前列。自明海禁后，一直走下坡至今。李约瑟在《中国科学技术史》（中华书局香港分局，1975年），第一卷总论说：

"中国这些发明和发现（指文中上述的各种科学发现和技术发明），往往远远超过同时代的欧洲，特别是在15世纪之前更是如此（关于这一点可以毫不费力加以证明）。"

以郑和（1317—1435年）为首的跨国、跨洲、跨洋的远洋航海舰队，必须先有庞大经费和出师有名。继而需要一系列的科技后勤工队；一系列的科技前线专家、人员和部队；还有很多个别科研单位，科学队伍；最后和最重要的，是总指挥、策划和管理。可以想象，从1405至1433年的七次下西洋，中国科学技术，已是超出了当时世界水平，到了登峰造极的阶段：建造大型海洋船队技术，能抵御巨浪；航海术，包括北半球、南半球的星象和海洋信风与洋流的循环；远洋粮食和储水技术，包括保持供应新鲜蔬菜和水果，提供人体所需的纤维素和维他命；医术，包括治疗异地疾病和药物；外语、外交礼仪对应，异国友谊的延续，和平相处；庞大海军部队队伍和军火研制，对付敌意外族，包括威吓或战胜武力侵犯；船队和队伍的组织，船队间联络和通信，船员纪律和管治；自然世界的研究，包括星象、洋流、气象现象纪录，海洋和陆地生物纪录、收集标本；其他还有测绘地图，船只维修，沿途留下记号，包括石碑和建筑物，等等。凡此种种，需要日新月异的科技和技术支持，才能有这样辉煌的成果。

海禁后

海禁后，一切支持远洋船海的后勤和前线人员和队伍解散，科学和科研专门人才队伍解散，多年累积的各种档案和成果，遭遇查封或销毁。换句话说，科学技术从此停滞不前，以至走下坡。

正在中国科技衰微后，欧洲在16世纪新科学（modern science）诞生，到200年后的18世纪，开始了工业革命。工业革命带来日常消费品大量生产，更要从欧洲以外掠取低价原料，然后把制成品运往他国，再以高价卖出，获取利润。所以，急切要和各国通商，及取得通商的协约。工业革命也"制造"了资本家和人口增加。英国在亚洲的两大资本家：一是东印度公司（The East India Company），主理侵略印度；二是渣甸公司（Jardine Matheson Company），主理侵略中国。主理的事务包括提供当地军力情报，必要时供应加派若干海军和陆军来华维持统治当地社会秩序。

欧洲人口大量移民

欧洲工业革命时期多国人口突增，导致两种后果：

一是大量移民，有些国家，如英国，强迫本国人移民到亚非拉和中东各地，以减轻本国的经济压力。

二是提供了当时在全球各地侵略所需的军力，和在各殖民地长期培训管治人员。1995年我因当香港建筑师学会会长的职务，被邀参加了一个香港政府代表团，表扬香港殖民政府功勋，在爱丁堡举行"香港周"。爱丁堡欢迎代表团中有位女士，是该市的议员，她道歉她的丈夫因在伦敦当国会议会（House of Paliament）议员，不能亲自欢迎香港客人。"香港周"其中一环节目，是由她作主人在家举行宴会。丰盛的晚宴后，主客各持酒杯，由她作向导，介绍这座18世纪大宅，最古老的部分是在厨房的一座13世纪的火炉，最精彩的部分，是挂在两个大厅琳琅满目的人像油画，人像有年老的，有年轻的，但均穿军服。她介绍的这些男士，全是她丈夫的祖辈——曾祖父、祖父、伯父、叔父、父亲、伯伯、叔叔，等等。他们的一个共通点，就是在全球各殖民地当军官或总督。这位战死在非洲肯尼亚，那位在苏丹给土人刺杀，这位战死在阿拉伯，那位战死在埃及，死得较多是在印度，大都是样貌英勇和较年轻辈，这位和那位长者，在某地某地当总督，寿终正寝。可能避免尴尬，没有一位在中国战死。大部分封爵，或死后追谥。另一个节目是市长招待午餐，餐前酒会上由香港港督彭定康致辞，他取笑苏格兰人什么都不会做，只能造威士忌酒和在香港当港督（细节不详取其大意）。到市长祝酒回敬彭定康说，百多年来港督皆是苏格兰人，一向无事，你看，当英格兰人当总督，香港便发生大事了（指回归中国）。笑话弦外之音，无论谁当港督，大势所趋，回归中国是肯定了，而且是帝国的没落晚期；英国殖民地的军力很靠苏格兰人，亦即是送死少是英格兰人。

历史性的自卑感

从明末到19世纪，中国仍然循着科举制度匍匐爬行，我行我素。最致命的是闭关自守、自满、自大，以致兵临城下，才知道强弱悬殊，开始百年国耻的厄运。

欧美科学技术，却在中国这个厄运时期，突飞猛进，经济旺盛。中国与之比较，相形见绌，种下了历史性技不如人的自卑感。虽然新中国在国防科技上，取得世界级的成果，但在民用科技上，尤其是在建筑科技上，仍然有一段距离。所以我相信，在建筑结构和形体上，崇"洋科学"和媚"外技术"，就是这历史性的自卑感造成；亦勉强可以用心理学的"补赏作用"病征来解释。就算在建筑领域上，技不如人，但是我相信，不是"艺不如人"，因为艺术是属于文化领域。

郑和之后再无郑和——梁启超

我们大家都知道，无敌舰队七下西洋的壮举，是由于朱棣的鼎力支持与郑和的航海才能和领导才华，成功向世界倡导大国之风，以德服人。还使很多国家年年进贡，岁岁来朝。

据《明朝那些事儿》描述：

"在前六次航程中，郑和的船队最远到达了非洲东岸，并留下了自己的足迹。他们拜访了许多国家，包括今天的索马里、莫桑比克、肯尼亚等国，也是古代中国人到达过的最远的地方。

"宣德六年（1431年）十二月郑和又一次出航了，他看着跟随自己二十余年的属下和老船工，回想起第当年一次出航的盛况，不禁感慨万千。

这是郑和第七次，亦是最后一次出航。这次是一个伟大的航海者的无限波涛历程的终结。作为一个虔诚的穆斯林，自小便梦想能够在有生之年，朝拜圣地麦加，现在终于能实现了。

在朝圣后，便开始回航。可能是他已经把国家委托他的大事办妥了，可能是他终于到达了麦加，可能他这一生要做的事全做了，郑和终于病倒。当船抵达古里，这里就是他第一次下西洋的终点，郑和也走到了他人生的终点，享年64岁。"

郑和之后，再无郑和。但是在2009年，中国遣派远洋舰队到索马里海岸和亚丁海湾，替中国商船护航。没有郑和，却有舰队，而且恰巧也是遣派到郑和舰队当年去到最远的地方——索马里。除了令我感慨万千，这是梁启超也意想不到的吧。

2.3 古文物、古建筑、古城镇长期失修、拆毁、甚至湮没，缺乏古为今用的模式

20世纪50年代，我在敦伦有了第一和第二份工作，上班的建筑设计事务所地址近大英博物馆（British Museum），能在午膳时间，往该馆观看古埃及、古希腊、叙利亚、伊拉克、波斯、印度、中国等古国古文物。觉英国强盛时，抢掠他国文物，据为己有，感叹不已。后来在伦敦有第三份工作，选上班事务所近维多利亚博物馆（Victoria and Albert Museum），常于简单"三明治午膳"后，立即往该馆参观，因此馆除其他国家外，收藏中国文物特别丰富。除了欣赏大批中国古青铜器、古玉、古陶瓷等文物外，最吸引我的是顾恺之《女史箴图卷》。中国学者往往在论述中国绘画史时，多以顾恺之此作为最古、最佳之例，而维多

利亚博物物所藏的是现存世界唯一的顾氏作品。后来才知道，中国很多稀有文物，历代遭盗墓、偷窃、官商勾结偷运出国和给八国联军抢掠。现藏于世界各博物馆和私人所拥有的中国文物，大部分都由这些非法途径得来。除愤怒外，甚感无奈。

傅抱石在他著《中国的绘画》上册中评述顾恺之说：

"顾氏活跃于公元363—405年，是中国伟大的杰出的人物画家，同时又是中国绘画理论……创作的和批评的……卓越建设者。他的创作是丰富的……可是在今天，唯一可证的也是极其重要的是他的《女史箴图卷》。它的流传经过曲折复杂，时而为封建主子所秘有，时而流入民间，清初又转归封建主子手，经1744年《石渠宝笈》著录。1900年当帝国主义者八国联军犯我北京的暴行期间，为一英国军人从清宫掠去。1903年割出题跋作为'荣誉'收藏品，公开于伦敦大英博物馆。这一名迹的出现，曾震惊世界的艺坛。"

每次见到这张画，想到国弱，遭列强欺负，抢夺盗掠我国文物，愤慨不已。20世纪90年代重返该馆观看此画，发现画旁加了注释小牌，说是"复制品"，真迹已收藏起来，不再公开了！

唐代《昭陵六骏》石浮雕，造型生动简洁而有活力，是我国古代石雕艺术中少有珍品。根据《中国古代雕塑百图》（王子云编著，人民美术出版社，1980年）介绍，1914年，帝国主义分子勾结奸商，将飒露紫、拳毛䯄二骏盗运海外，现存美国费城宾夕法尼亚大学博物馆。

英美某些人士还说风凉话："如果我们不好好地保存这些珍贵的文物，在中国早已被天灾人祸破坏了，现在全世界人都可以欣赏到，不是很好吗？"他们说这些话是因为中国很多年来，除了八国联军侵京抢掠外，历代政府对文物买卖、贸易、审查、管理不太严谨，文物盗窃猖獗，奸商偷运图利。但近十年来，不少爱国商人开始在国际市场上以高价买入国宝级文物，送回祖国。

中国古建筑物比文物的命运更悲惨

古建筑物与其他古文物不同，因为它是靠有地才能保存，如不能把南禅寺偷运卖到外国。正因为如此，古建筑物遭到更悲惨的命运。改革开放后，经济发达之时，以为会重视维修、护养古建筑，可是不但没有好转，而且变得更糟。其实古建筑物的传世、存在，比其他文物更难更稀，因为它更容易遭到失修和恶劣天气破坏，所以存世的古建筑物已不多，应该与其他文物同样难得和有金钱和文化价值。如果有运输科技，洋人可能在20世纪初期早已把故宫和万里长城吊运往英、美去了。中国仅存的古代建筑，为什么政府不保存它，还让它遭到清拆和毁灭？

可能在5000年的岁月中，中国天灾人祸多，太平盛世少；人民饥饿多，温饱少；家庭悲离多，欢叙少；贫穷多，小康少，富贵而珍惜食客者更少；无知多，有知识、通识之士少；昏君多，英明君主少；对自己的体形文明和文化，如古文物、古建筑、古城镇，不太重视，或无能保养；亦可能因中国幅员广阔，历史悠久，外族连年入侵，加上内乱此起彼落，读历史或小说，有关兵燹之祸，常读到"焚城三日，烧个精光"。清末慈禧，祸国殃民，引致八国联军火烧圆明园，国宝损失惨重。近世如文化大革命，"除四旧"，破坏了不少古建筑和古文物。

为什么有些古物不受保护

我从中学时，从杂志看到一座荒野的石狮，已对它的线条简洁，造型雄伟，发生莫大好奇和兴趣。到1979年，因受委托，前往北京，对中国建筑工业出版社已编排好，即将出版的《中国古建筑》，提点意见，因而认识出版社杨永生兄。工作之余，我问及有关这座石狮的资料，才知道是魏晋南北朝的遗物。我说我很想看看，他说，你先回香港，他再安排。

后来，我终于在同年，再赴北京，由永生兄特别安排一位对古建筑和古雕塑有研究（出版社中）的编辑，作导游陪同，前往南京。从南京雇小车，驶经农村小路，到了车不能再走时，下车再走阡陌小路，遥见大片田野中，有一条石柱和一座巨形石狮。石狮昂首挺胸，壮阔胸肌，两侧有翼，四只可隐见肌肉发达的腿，腿下有利爪，仰头向天怒吼。我激情地环绕着这座大石狮观赏不已，它有健硕有力的身躯，傲视群雄的威严。其旁不远有石柱，柱顶有刻上字的石牌，石牌之上有圆座，状似莲花，莲花圆座上，蹲一小狮，小狮的姿态，好像是仿效大狮，仰首挺胸，张开小口，朝天叫吼。我给这群神兽的简洁得成图案化的风格，而又传神的真实感震撼。

激情过后，再仔细察看这座巨狮石雕，由小石件组成，约有3米多高，5米长，全身有裂纹，有铁条绕身包住，以免碎裂加甚。附近较远处，有其他大石狮数座，石柱数根，散布田野间，完全没有蓬盖或围栏保护，农夫用人力、畜力使用耕具或木车，很容易碰到这些宝贵的石雕上而无意中破坏这稀有的文物。回途中赞叹和感慨间，发现野郊路旁荒草之间，有数头白羊，隐约其中，下车查看，原来是汉白玉石雕，神情栩栩如生，单靠直觉，似是明代风格；有透过草丛观望世间变化，有处之泰然，有卧着休闲等姿态，不受世事影响而作出任何羊群效应。

回港后，写信给出版社朋友，感谢他们的安排，使我能近距离看见这些稀世之宝。信中亦觉古文物，未能受到应有的保护，非常可惜和遗憾。中国悠长的历史，不知有过多少次天灾人祸，不知有多文物遭到盗窃、破坏和毁灭！

文物出版社在1981年，出版《南朝陵墓石刻》。开卷便介绍：

"我国历史上三国、两晋、南北朝时，吴、东晋、宋、齐、梁、陈六代，先后建都于现今南京。因此，在南京的周围及其附近一带，留存有许多当时的文物古迹，名闻中外的南朝陵墓石刻，就是其中最富代表性、艺术价值很高的一部分。这些列置于陵墓前的石刻群，都是形制硕大，雕琢精湛的宏伟巨制，是当时的雕刻匠师创作的无与伦比的辉煌杰作，更是我们今天借以窥见魏、晋、南北朝时期我国南方地区石雕艺术高度发展水平的艺术珍品。"

"三国、魏晋南北朝及六代"这段时期约有三个半世纪；是在东汉（公元220年）后，隋（公元581年）前，可以说，是中国历史上，在同一段时期里，朝代最多，社会状况最乱，宗教最盛，而个人艺术创作最自由，最有艺术家个人风格，尤其是文人，个性最强、最放纵的时期。光是从公元304年到439年，先后在中原和西北建立了十几个国家，这就是历史上所称的十六国时期。这个时期所遗留下来的文化古迹实物不多，而这些稀世文物是艺术高度发展的珍品，却没有好好保存，随意弃置在田野路旁。

为什么这些珍品，没有受到保护？我的解释是因此等古迹不是集中或靠近城市，而是散布于郊野，范围甚广。加上主题只有雕塑一个，不是太单调，便是太高调，不能发展为旅游项目。就算能吸引游客，也只是很少数历史文物爱好者，不能成为有经济效益的投资。地方政府不投资，农民更加没有经济能力，也没有保护古文物的意识。无怪在秦始皇陵兵马俑博物馆开幕后，本地各种游客生意兴隆起来，有民谣云："改革开放靠共产党，发财要靠秦始皇。"

看来很多中国古文物和古建筑的命运，要看它们的经济效益，这是很可悲的。

但在城市的一些古建筑、古胡同、古里弄，整片被迫拆迁、夷平、重建，正因为利用地皮重建后的经济效益。豹因皮亡，四合院因地皮而殁。

前者因没有经济效益，没有受到保护，以至破损，甚至湮没；后者因为地皮有重建经济效益，而遭到拆毁灰飞烟灭。

有些园林维修变为小帮忙大破坏

亡友陈从周，除了是书法家、水墨画家、散文学家外，是当年古建筑、古园林著名学者与专家。他曾对我说："对古建筑、古园林维修，因不懂或无知，往往做成小帮忙，大破坏。"据一名紧随他的前研究生告诉我，陈从周患中风的主要原因，是与年轻地方官员激烈争辩有关如何维修古园林引起。可以想象，官员以吸引旅游生意为主，而陈老以学者遵循古文化专业为重，在争辩时突然中风。这次争辩，不但说明了古建筑维修遇到难题的普遍性，亦展示了建筑师的专业意见不受尊重。陈老在国内学术地位崇高，也遭到如此待遇，其他建筑师，更不用说了。

不尊重历史文化

20世纪80年代初，由西安本地导游介绍这个历史名城，他指着一个室内浅水池说，这是杨贵妃出浴的华清池。我才注意到浴池是现代马赛克瓷砖镶嵌的！

我小学、初中同学林君，初中毕业后，在20世纪50年代已移民到美国，后来在美国当了某市立大学的中文系教授，并创办了《东西报》，以中英文对照简略报道时事，但注重介绍中文文字和文化。他的工作目的，主要是帮助在美国土生华侨，认识中国文明和中国文化。所以在改革开放后，时值他也退休，还常常带领华侨学子回国旅游。20世纪90年代，他带了一群中学生回北京参观故宫时，有一位学生问导游，哪里是午门（Noon Gate）。那位导游随便用手，向附近一道厚砖墙中的一道半圆顶门口一指，说："这就是午门。"我不相信这位由故宫特别聘请能说英语的导游，不懂午门是什么，而是他认为，对这群满口说着英语的美国侨生来说，哪里是真正午门，根本没有什么关系。其实，这位导游，不但不敬业，而且是对历史文物不尊敬。为避免冲突，林君唯有对学生说："这不是午门，待会儿我带你们去看好了。"

杨贵妃的华清池和故宫午门故事只是冰山一角，可以说对游客增加知识危害不太大。对历史态度必须改善，说外语的导游，他们就是代表中国。

破坏力度最大的"重建"

破坏力度和幅度最大最深是的，莫过于在历史城市中某街道、某小区的"重建"。

一般所谓重建，是把现有建筑物推倒，在原有的建筑物地皮上重新建设。推倒重建理由最合理的是危楼，其次是改善卫生条件及现代化，目的是为了保护生命和改善市容和市民生活。但是最常见的是由重建所得的经济效益，目的完全为了钱。最讽刺的是，为了经济效益而重建的行为，往往发生在经济起飞的国家和城市。在经济萧条不前的情况下，历史城镇和古建筑只会失修，不会遭到由重建而被完全破坏拆毁。经济突飞猛进时，古城镇、古建筑、古文物，更会遭遇大规模甚至彻底毁灭的厄运。

对古环境的破坏，除了直接拆毁古迹、古建筑物和古城墙外，便是在古建筑、古城墙附近兴建高层大厦。

《建筑业导报》2005年3月（330期）重点刊登挪威科技大学人类学教授丽丝贝·索阿莉亚（Lisbet Sauarlia）撰写的以"历史作为纪念碑"为题的文章，慨叹西安历史古城的巨变，随处有现代化的商业中心等高楼大厦，她说：

"意味着古老的史迹，已经身处在一个完全新的环境里，它的周围几乎完全没有了历史的情境……是否削弱了它的重要性和意义？她更为小街窄巷构成的半私人空间，正被界限分明的公共与私人空间划分所取代而可惜。

"对这些不断变化，经历重建的城市来说，一个重要的问题就是，为谁而重建？"

在过去2013至2014年里，她常常过访西安，每次都看见西安城市不断在变化。到如今，剩下来的历史古迹，已是孤立。而这些孤立、片段、残缺的"纪念碑"，使她意会到，这就是西安。但旧城墙已被矮化，与历史断了联系和失去意义。走进穆斯林区，令她兴奋不已。北院门外是一条丰富而凌乱的街道，路边餐馆、商店和小吃摊，吸引着大批国内外游客，餐馆飘出香味，烧烤冒出缕缕青烟，叫卖声、笑声以及缓缓的人流，构成独特的风景，让人有一种强烈融入其中的感觉，比那些新建区域显得更富人情味儿。如果像北院门回民区这样的地方都消失了的话，这个城市会变得越来越乏味，吸引游客的东西也就越来越少了，西安也就越来越像中国其他现代城市了。

经济蓬勃成了古建筑物的封杀者……这是一位挪威学者的慨叹。

中国很多古文物、古建筑、古城市，历代因天灾人祸遭到破坏。近20年来因经济蓬勃，物质进步，古建筑继续遭到人为的不同程度破坏。对大部分中国人来说，都习惯了，麻木了，见怪不怪。或因忙于应付日常生活的重担，无暇顾及历史遗物。少部分人提出抗议，反对这种破坏，甚至毁灭自己建筑传统行为，却因强大的势力使反对声音微弱，反对无效，甚至招祸上身。但是这位挪威人看到，便反应很大，尤其是她是人类学者。挪威和瑞典的文化历史只有1000年，在公元10世纪时还是过着野蛮的部落生活，靠掳掠为生，留下"维京海盗"的恶名。挪威没有公元10世纪的古建筑遗留下来，我在20世纪60年代访北欧时，所能见到的，只是以木与泥建成的模拟部落村屋，展示给游客。全国只剩下了一座12世纪木建的教堂，国人奉之为国宝。中国在公元7世纪至10世纪，正是唐代，已建立了一个统一的、强盛的、享有高度文化和艺术的国家，而长安，即现今西安，则是首都。经过历代的天灾人祸，历史建筑文物仍然非常丰富，但光从这位外国人类学家的过去13—14年间，已见证这个历史古城，一年比一年被野蛮的文明和势力削弱它的历史文化力量。

从古文物、古建筑、到古城镇的长期失修、破坏、以致毁灭，剩下来的完整个体或群体已很少，但其中能够仍然使用着的更少了。我们每次游古城镇、胜地古迹、名山名川、所到各地，介绍从前有古寺、古刹、古迹若干，现仅存不及十分一。还算幸运，"文化大革命"的破旧立新，10年结束。如果再继续下去，则古物将会荡然无存，小孩子便不知道寺庙、石窟为何物，这是非常可怕的一个"没有过去"的情景。损害最重要的，要算是住的模式，因为这个日常居住环境与我们最有密切的关系。

香港作家古苍梧《祖父的大宅》(牛津大学出版社，2002)，"小序"首段：

"十年前有亲戚还乡，回来告诉我们，祖父的大宅，早在解放不久，已夷为平地，原因是贫农耕地不够分，而大宅占地甚广。一点痕迹也找不到了，真个是'惜年华屋处，零落归山丘'。亲戚感慨地说，母亲也陪着叹气。"

假如古先生的理想，退休时衣锦还乡，或为了老来落叶归根，或重温孩童时的个人回忆，或与兄弟们共玩时的集体回忆，想兴建一座像祖父的大宅，他便找不到模式，因为已夷为平地。

据我了解，南方的大宅比起北方和江浙的，是小巫见大巫。但是，仅存的山西大宅和江南园林，都变为博物馆或旅游点了，无论是草堂书屋、大宅园林，照原来居住用途用上的是绝无仅有。有者亦为达官贵人所占据，闲杂人等，不得乱闯。大城的大宅、四合院，却住上4至6户人家，长年失修，加上没有现代卫生设备和下水道，居住挤迫，环境恶劣，失去当年幽雅之情，不足以为模式。更以此为理由，居民遭迫迁拆卸。

新北京，新北京人

自从"鸟巢""水立方"等巨型新型建筑物面世后，全球传媒注目北京。近几个月来，几乎每周有报道，不是CNN、BBC，便是Discovery、National Geographic、CCTV等，当然不能没有香港各电视台和报刊。有关北京的变化，请参阅"附录4"。

在这30年中，不知多少古环境、古建筑被摧毁！改革开放后不久，封闭了30年，高官和首富，一批批，一团团，到外国考察去。回来后满脑子，充塞着洋高层建筑，洋大宅，这些便成为他们的梦想模式。如此推陈出新，摧毁古建筑物，代之以新洋建筑，但求有利可图。再过30年，我们的子孙将要去日本、韩国、越南、新加坡、马来西亚，参观什么是富有中国风格的民居矣！

陈从周，在他著的《说园》中说：

"我国名胜也好，园林也好，为什么能这样勾引无数中外游人，百看不厌呢？风景淘美，固然是重要原因，但还有个重要因素，即其中有文化、有历史。我曾提过风景区或园林，有文物古迹，可丰富其文化内容，使游人产生更多的兴会、联想，不仅仅是到此一游，吃饭喝水而已。文物与风景区园林相结合，文物赖以保存，园林借以丰富多彩，两者相辅相成，不矛盾而统一。这样才能现出一个有古今文化的社会主义中国园林。"

立法保护古文物、古建筑、古城镇的意义

据我所知，已立法加以保护的古文物、古建筑多只是限于该文物、该建筑孤独的存在，而它周边的同时期建筑与这些保存下来的有着同时代的历史、文化关系，但只因没有立法，不予以保护。

有些古文物，如古玉、古瓷、古钱币等可以放置在博物馆欣赏；而古建筑则不宜放进博物馆陈列。但是近代对某些古文物的保存方式已加入了保存原来环境的要求，如武则天墓包括整个墓的周边若干平方公里的山头地形，而秦始皇兵马俑博物馆是就地兴建巨形大跨度屋顶，把整个出土兵马冢盖着而成，发掘工作仍然可以全天候继续进行。

我们如果再阅读以上陈从周所说有关游览名胜的重要因素，其中要有文化、有历史……有文物古迹可丰富其文化内容，使游人产生更多的

兴趣、联想，不仅仅是到此一游吃饭喝水而已。

为了使游人产生更多的兴趣、联想，秦始皇兵马俑博物馆设计尽量保留原地和文物周边环境，这比摆放一个、两个，甚至数十个兵俑陈列在博物馆内好得多。

试想，自明朝朱棣皇帝死后，任何一个明清皇帝、军阀，甚至有权有势的人，都可以以没有立法而摧毁紫禁城，因为他们自己就是"法"。

又试想，任何一个这样的人，他可以说我只喜欢太和殿，予以保留，其他可以摧毁，反正我需要空地兴建一个国宴大餐厅、一个酒池肉林、一个歌剧院；我需要现金旅游，探访欧洲贵族，可以把西华门附近一片地公开拍卖。这将会是什么样的世界！而目前很多中国古文物、古建筑、尤其是古城墙，就是这样被摧毁了。

再试想，如果这个紫禁城是在内蒙古一望无际的沙漠上，除了天灾，有谁会去摧毁它任何一角，因为它的地皮不值钱。

实际上，很多城市以改善市容、现代化，或为了进步为名，实以个人商业利益、政府增加收入为实，继续对古文物、古建筑、古城市加以推倒重建，加以摧毁。半世纪后，古籍、古地图所记载的古城市将会很难寻根，没有实物作证，证明何朝何代所建。一个世纪后，所有古物将会荡然无存，我们的子孙只能在书本或博物馆看到。

崇洋媚外的原因之一，就是很少有古建筑遗留下来，更少看到居住在这些古建筑物里的家庭，给现代人一个好的建筑模式。我曾参观过安徽黄山脚下的明、清住宅，可惜只能欣赏建筑物硬件，看不到三、四代同住的家庭软件。大概是七八年前，我有幸跟随住在上海的友人到闽南一游。除了参观中国南方有名的茶叶研究所外，我还跟随他回乡拜见他的母亲，他为他母亲兄弟姊妹盖了一幢富有闽南民居风格的木结构房子。友人母亲为我们准备午饭，整座房子马上活起来。这个融和家庭的活动中心就是院子，由四面房子包围，但其中向斜坡那一边，地下层没有房子，但有二层楼围绕，相信是睡房层，院子空间便成三面实，一面虚。这样的地形，配上这样房子院子，凉快的新鲜空气便由斜坡下面直吹上来，经过院子直往天上去，在二层的房间打开了窗，让这天然的凉气通过所有房间。正在我目不暇接，欣赏这座刚刚盖成的民居，友人的家人总动员烧菜煮饭，有说有笑，他母亲坐在院子，一边照顾一个小娃娃，肯定是她的孙子，一边指挥和回答烹饪问题，好一幅幸福家庭和谐写照。不用说，这顿午饭吃得很开心，非常感谢友人给我一个很难得的，真正民间传统建筑和传统家庭生活的经验。

其实，这间新盖的房子，与邻近旧的民居差不多，都是很美观自然，而且兼有天然通风、天然采光、传统建筑材料和淳厚的民情、地方传统色彩，与周边环境非常协调。但是这些美好的建筑，都是远离城市，对城市人不能起熏陶作用。在城市里亦很难有这样的地皮，有之，亦会在相同地皮面积上盖高层大厦。

返港途中，我安慰自己，就算城里的胡同和四合院给拆光，中国各地充满民间智慧的民居，不但会存在，而且会继续发扬光大，子孙永享。

中华民族性格的特性

每个民族有它自己的地理环境、历史传统等文化基因。各民族有它的强、弱方面，优点和缺点，正面和负面。我们的民族性当然是强、优、正方面远远胜过弱、缺、负方面；如果不是，中华民族早已四分五裂或甚至不存在了。现在要找出弱、缺、负方面，就是要找出崇洋媚外原因之一。

中国文化基因最大特点，是民族众多和历史长久。在这漫长的历史中，受边疆各民族的入侵。由入侵、抗衡、占领至同化，每次改朝换代，往往经历数百年。幅员广阔，千山万水，交通、通讯不便，民族意志是"慢热"大陆性性格，亦即是容忍、包容、宽大。加上长久的奴隶社会和封建社会时期，造成得过且过、逆来顺受、安分守己、安于忧患、刻苦耐劳，在被压迫的情况下会忍辱负重、苟且偷生的容忍民族性；也可以说，正因为多民族，历史悠久，文化渊源长流、浩浩荡荡，在时空观念上，有来日方长的偷安偷闲消极态度。

《费孝通在2003：世纪学人遗稿》（费孝通著，中国社会科学出版社，2005年）的"关于民族识别"一节中说：

"对清朝的历史我没有下功夫研究过，所以对满族这一个小民族，为什么能够打进关来？能够长久地、稳固地统治这么一个人数众多的汉族和幅员辽阔的中国？对这个问题，至今我没有深刻的理解。比如曾国藩，他是汉族人，实力很强，如果他脑子里再加工一个'民族主义'是完全可以起来推翻清王朝的。但是他没有这样做，而是遵守'忠君'的那套思想，极力巩固清政权。再看太平天国起义，也没有表现出强烈的民族思想。"

"清朝末年，以孙中山先生为首的同盟会，提出了'驱除鞑虏，恢复中华'的口号，但是孙中山始终强调革命最要紧的是推翻封建专制制度，他认为中国数千年来的君主专制政体，不是国民所能忍受的，'就算汉人为君，也不能不革命'，与此同时他提出了汉、满、蒙、回、藏五族共和的概念。在这之前，虽然明末清初的时候就有'反清复明'的口号，但是，中国人的民族意识并不十分强烈。依我看，孙中山他们提出民族划分，是受到西方思想和当时经济发展的影响。那时帝国主义势力不断入侵，洋人成了中国人要抵抗的主要对象。我想，孙中山强调的民族意识，主要还是用来对付西方帝国主义的。"

另一方面，中国民族有源远流长的历史，所以有临危积极性的性格，这与我们的古老文化是分不开的。让我节录《中国文化辞典》（丁守和主编，广东人民出版社，1989年）的"说明"，部分如下：

"中华民族是世界上最古老最伟大的民族之一。考古发掘证明，早在二百五十万年以前，中华民族的祖先就在中华大地上劳动、生息、繁衍。有文字可考的历史也有四五千年之久。中华文化源远流长，博大精深，在很长的时间里，一直站在世界文化的前列，对人类文明发展作出了伟大的贡献。

"中华文化的发展，波澜壮阔，几千年绵延不断，有着顽强的生命力和无与伦比的延续性，在世界上如星汉璀璨的古老文化中，如巴比伦文化、古埃及文化、古印度文化、古希腊文化、古罗马文化等，有的早已绝灭，有的受到破坏或摧残，有的因种种原因出现大断层而失去光泽。中华文化虽然也几经跌宕，却始终相继不绝，从未中断，并且代有高峰，蔚为奇观，令人赞叹不已。"

无可置疑，中华民族在世界上是一个很有特性的民族。民族性格有多方面，包括上述的消极性和积极性，表面上看来充满矛盾，其实是在某一种情况下，即使有负面性出现，到最危急的时候，正面的、每一个人的怒吼、万众一心、团结一致便使出来，战胜外侵的民族。历史告诉我们，就算异族入侵成功，占领部分中华大地，中华民族会忍辱吞声，逆来顺受，等候机会作反。历史也告诉我们，作反不成功，舍身成仁；很多有才有志之士，辞官引退。异族管治中华民族久了，渐渐向往中华文化，继而被深厚的中华文化同化。

从历史长河看，中华民族往往在盛势时，容易有优越感，弱势时有自卑感，危急时有自救感，有挽狂澜、能复活的决心和能力。但自改革开以来经过三十年来的奋斗，到21世纪初，中国享有二三百年来从未有过的盛势，为什么在建筑文化上，反而趋向崇洋媚外呢？

万里长城很能代表中国民族性格。由春秋战国的齐国至明代，断断续续兴建，全部工程竣工历时二千二百年之久，说明它不只是代表一朝一代人的偏向防御性和非侵略性性格，同时亦代表有了此墙，以为便可以闭关自守和高枕无忧的心态。是否因为对洋建筑文化之向往是主动性的，所以不算入侵？不值得去防御？

中国民族意识薄弱

为什么我说中国人的民族意识薄弱？本段开始便说：中国地大物博，历史悠久，文化源远流长，浩浩荡荡，民族众多，经过长期斗争、离合，民族性变得复杂多面化。光由"汉族"，进化到现在的"中华民族"，其中有诸子百家，儒、释、道、法的争鸣和汉、满、蒙、回、藏及其他少数民族的相互排挤、抗衡与结合。华夏各民族小分裂后便有小团结，大分裂后便有大团结。经历过几千年的灾难和盛世，汇成泱泱大国，似乎还可以再继续几千年。所以，我们对中华民族的生存，似乎没有疑问，民族危机感不强。

世界其他地大人多，而又古老的民族和国家，如印度和埃及，是否民族意识也是薄弱呢？我没有深入研究。但小国小民族，民族意识强者，不只日本，随便可举，有以色列、英国、荷兰、比利时、葡萄牙、西班牙和爱尔兰等，这些小国的地理共通点是岛国或海岸线长。从15至20世纪，皆以海军力量，到处征服他国和建立殖民地。后者虽早于17世纪给英格兰以军力征服，但至今，所谓英国大文豪、大诗人，其中很多是却是爱尔兰人，在现代文学上，爱尔兰征服了英格兰。犹太民族历代分散全球，多个世纪以来，在各国成为该国的富人和令该国致富的谋臣、谋士，除了成为大富豪，亦跻身为该国的高官，甚至首相。以色列自1947年复国以来，从不间断增强军备、军力，成为中东最强之国，还不断东征西剿，扩大国土。总的来说，海岛和海岸线长的小国，多因地小、资源少，因而危机意识强，只有以民族意识团结人民，向外发展才可以持续生存，包括必要时诉诸武力，征服和占领他国，奴役土人，夺其资源。这种民族意识侵略性较强。

可能因中国人的民族意识较薄弱，开国领导人，在中华人民共和国成立时，以抗日时期的《义勇军进行曲》为国歌。当时我还是中学生，不明白为什么以抗战歌为国歌，认为立国成功，从此便天下太平，应有新的国歌。后来国内连年有天灾人祸（水灾、旱灾、地震、农作业失收、大饥荒），往后更有"文化大革命"十年浩劫等，且国际斗争和纷争不断。从19世纪列强侵占中国至今，危机仍是四伏，无日无之。我们看看中华人民共和国国歌歌词便明白为何至今尚没有改：

起来，不愿做奴隶的人们，把我们的血肉，筑成我们新的长城！

中华民族，到了最危险的时候，每个人被迫着发出最后的吼声！

起来，起来，起来，我们万众一心，冒着敌人的炮火，前进，前进，前进进！

歌词强调中华民族，是在人民抗日艰苦时期，国之将亡一刻，到了最危险的时候，要万众一心，才能渡过这个死亡之谷。当你看到我以上粗略举出众所周知的事件后，无刻不是"中华民族，到了最危险的时候"，无刻不是需要"我们万众一心"。所以国歌在第二次世界大战后至今，仍然应用，呼吁国民团结。

日本侵占香港不久，我家逃难回新会老乡。母亲说："小乱归城，大乱归乡。"新会县有部分地方（包括县府），给日军占领，称为"沦陷区"，我村没有日军或伪政府，属"自由区"，但离沦陷区不远。每年在青黄不接的时期，日军便来自由区抢掠粮食，整村人口和牲畜，便星夜逃到山区去躲避。后来为了解决粮食问题，大哥往新会城，寄居一富有同学家中，我随父亲往属沦陷区广州市暂住。在广州，我亲历、目睹，中国游击队和地下敢死队人员，不少轰轰烈烈的壮举。但同时亦听到夸大、阿Q式愤怒的"壮言"："我们四万万五千万同胞，只要每人吐一口口水，便可把日本鬼子淹死了。"更多听到泄气灰心的自怨："我们中国人，就像一盘散沙，永不能团结"，只有"五分钟激情"，"五分钟热度"。

当然，中国人要付出很大的代价，才把日本鬼子打败（不仅是一口口水），但要保持不像一盘散沙，不只有五分钟激情，不只五分钟热度，更要长期，甚至永恒地提高民族意识。所以（我猜），正好把《义勇军进行曲》继续沿用，成为国歌。更大的作用是，从小学便要令小孩增强危机意识、民族意识，希望他们长大后，对中国文化意识也增强，不再崇洋媚外。

国歌还有一个意义，就是时时刻刻唤醒国民，尤其是年轻一代，不要忘记历史，尤其是不要忘记中国近代百年国难、国耻。日本军国主义信徒，包括参加过蹂躏中国的暴徒，战败后从没有半点悔意或犯罪感，更相信日本不是侵略中国，而是把洋人赶走，再声明在南京从来没有大屠杀三十万中国人这回事，在中国和朝鲜根本没有慰安妇这回事。每隔几年便出来重复地说一次，完全否认他们的罪行。每次也有还在人间的受害者，挺身出来，以自受其害的当事人，证实他们的罪行。挺身出来的，还有参加过暴行，但尚有良知的日本军人！日本军国主义者还在中、小学教科书里，改写、隐瞒日本侵略他国的污史，令他们的下一代蒙在鼓里，不知道他们祖先的罪恶。希望重复地说，不但日本人会相信，全世界的人也会相信。等到所有受害人和施暴人都死去了，便再没有生人"对证"了，日本污史便可一笔勾销了。

往下每一代的中国人要时刻警惕，不要忘记，无论西洋也好，东洋也好，只要国力一旦衰弱，"双洋"便会卷土重来！

"中国近代之败，实为意识之败"

最近我看了一篇很有说服力的文章，从两千年中日交往史的反思，以《中国近代之败，实是意识之败》为题，来说明晚清中国之败于日本是由于"错误意识"所致（参看《同舟共进》2009年第7期）。作者李扬帆认为：

"观察中日关系需要看千年以上的历史。中日关系一直到甲午战争为止，被认为是延续了朝贡体制，但日本并不这么看。中国对日本的不了解或者说不愿意了解，是这一体制以甲午战争为标志最终崩溃的重要原因。甲午战争是中日数千年关系的彻底摊牌。

"日本人在朝贡体制下较中国人活得清醒、现实。日本人看中国人比中国人看日本人真实。仅此一点即可证明，晚清中国必败给日本。中国所尝的苦果是数千年来漠视至蔑视对手的必然代价。"

"作者然后列举日本由公元600年起，一直在挑战中国认为已稳定的东亚朝贡体制秩序，直至以甲午战争摊牌，告一段落。期间，必须一提的是，作者阐述唐朝为了巩固边疆，攻打高句丽，在公元663年，再次与日本军事冲突，焚烧日本战船400多艘，此后900多年间不敢再犯朝鲜半岛。

"此次战役的结果是：一方面日本对大唐心生敬畏，并开始努力学习唐朝先进的制度、技术与文化。另一方面日本不再希望中国叫它'倭'而改称'日本'。改国名当是日本追求民族认同和民族自尊的重要举措，唐朝对此也并不在乎。"

作者在结论标题为"中日关系早已埋下爆发冲突的基因"中之一段指出：

"中日两千年的交往史令人得出一个遗憾结论，即中国并不了解日本。我们是否还继续汉唐以来的对日基本态度……一种高调的日本观，即认为日本和中国同源同种，一衣带水，理应从属于一种以中华文明为基础的世界秩序。这种观念会导致虚构的亲近感而忽视日本国家利益和国家尊严的内在需求。高调日本观中的中华文明优感会导致日本反弹这一后果，长期不被中国统治阶层适当认知。这是引人深思的另一个话题，因为近代以后至今，由于日本对中国的侵略，可能导致另一种高调：即是以形象化的（小日本）、脸谱化（军国主义）的观念看待日本。某种意义上而言，中国近代之败，实为意识之败，而非力量之败。"

作者在结论的最后一句是：

"这遗憾留下的唯一启示是一句大俗话：请别漠视你的对手。"

在我看过和听过的中日关系的理论，相当同意作者李扬帆的论调。无可否认，我也有把日本"形象化""脸谱化"，但从没有觉得有资格去漠视、蔑视它。中国在趋向大国之途，更要重温《孙子兵法》之"谋攻篇"中的：

知彼知己，百战不殆；不知彼而知己，一胜一负；不知彼，不知己，每战必殆。

2.4 列强侵占，遗下"余威"——租界和教育

租界和洋教育，时至今日，是列强武力侵略中国的后遗症。租界比较容易看到、触摸到，而洋教士创办的教育，除了一些校舍还在，一般已很难辨认。在21世纪的今天，让我们回忆这两个历史遗物，同时，希望能够指出，它们如何影响着我们崇洋媚外而不自知。

中国传统建筑文化遭遇根基性动摇

列强侵占中国除了对主权和经济彻底剥夺外，还带来了一系列深远的负面影响。其中一个相当致命的，莫过于使国民对传统文化和传统价值观失去信心，继而失去文化方向。虽然爱国的五四运动，图力挽狂澜，但在此之前早已种下不能自救的根源，其中之一，便是"洋务运动"！林则徐最早提出以夷制夷的主张，未得接纳。等到清政府真的要求洋人帮助造船制炮，皇帝的近亲和朝廷大臣各自趁这个机会，中饱私囊。洋人有见及此，亦从中取利，结果制造成不合规格的战舰和大炮，对着洋人的真正坚船利炮时，便不堪一击。最可耻的，是借助洋人的军队，打击太平天国革命军，还要付出庞大的军费（详情参看"中国近代史丛书"之《洋务运动》，中国近代史丛书编写组，上海人民出版社，1973年）。

以夷制夷的失败，并不是因为这个理论和政策行不通，而是清政府整个官僚制度的腐败。反观日本的明治维新的政策，与以夷制夷的目的大同小异，但日本民族性较强，当时国情比较简单。中国国内民族矛盾和阶级矛盾交织，加上太平天国存在威胁，中国人民族性较弱等因素，至令列强侵占中国，带出了中国人多种劣根性，如崇洋媚外，乘机发国难财，对洋人憎恨、恐惧，同时又崇拜、敬仰，这种相当复杂的自卑心

理，构成后患、余患影响至今。

列强侵略和占领中国，除了对主权和经济彻底剥夺，还带来了一个颇为深远的负面影响，那就是使国民对传统文化，包括建筑文化，失去信心、价值观和方向。影响建筑文化方面，莫过于租界文化了，时至今日，租界仍留下相当具影响力的"余威"。

"租界"的由来

为了读者的方便，以下是录自《辞海》（1965年）对"租界"的解释：

"帝国主义国家强迫半殖民地国家在其口岸或城市划出的作为'外侨居留和经商'的一定区域。它是帝国主义国家对半殖民地国家进行各种侵略和罪恶活动的据点。英国侵略者于1842年迫使对清政府订立《南京条约》、开放五口通商后就在我国各大口岸划界租地筑路建屋，后来甚至在界内僭取了管理权。其他帝国主义国家亦争相仿效，强划租界。在旧中国的租界有两种形式：一种是由一国单独管理的（如汉口的"英租界"，上海的"法租界"），一种是由几国管理的（如上海的"公共租界"）。中国人民为收回租界进行不断的斗争。第一次国内革命战争时期，由中国共产党领导下于1927年1月收回了汉口和九江的英租界。第二次世界大战期间，各帝国主义国家在民族独立运动高涨的形势下被迫宣布交还我国的租界。但事实上他们仍享有种种特权，直至新中国成立后，这些特权才真正取消。"

租借土地不交租

不知是清政府想在国民面前挽回一些面子或是外交词语的翻译如此？为什么会用上"租界"一词？"租界"的英语是什么呢？20世纪40

年代我在华仁书院念中学时，爱尔兰神父用的英语是territorial rights。territorial就是领土，right的意思便是"权"或"权利"。列强既能够强迫你在你的领土划出据点，把这些土地据为己有，还会向你交土地租吗？简直是欺人太甚！

当时列强在中国划出的据点，有广州、九江、汉口、重庆、上海、大连、旅顺、威海卫、哈尔滨、厦门、天津等十六个港口和城市里的租界；其他还有"割让"的澳门和香港，弄到中国主权体无完肤。更荒唐的是在北洋政府时期，中国政府鉴于列强在中国境内你争我夺，宣告"中立"，告文中强调："各交战国在中国领土、领海，不得有占据及交战行为。"但其后三天，日本便向德国宣战，并进占青岛，德国投降（详情参看《五四运动史》（修订本），彭明著，人民出版社，2000年）。

这等于几帮强盗，不仅在你家抢掠，更因分赃争持不下，而在你家大打出手！

租界的建筑物仍然有影响力

心理学家相信，视觉上的感受，会影响一个人的行为。一般中国人有崇洋媚外心态倾向，有各种因素，最容易明白的一个，要算是租界内的建筑与环境设计，影响部分中国人对建筑设计的理想。列强在中国横行期间，大部分中国人生存在水深火热、兵荒马乱中。从16世纪（1553年葡萄牙强占澳门）起至20世纪中叶这段时期，各国在自己的租界内，兴建具有他们自己国家民族风格的城市和建筑群。建筑风格各异，比起租界外的乱世，这里是世外桃源，不但安静太平，而且有宽阔和清洁街道，独立洋房，井井有条。还有洋巡警，率领着几个中国人当的"假洋巡警"。

穿着整齐的洋绅士，和那些衣帽时髦的洋女士，抱着哈巴狗，乘着漂亮光滑的汽车，由穿制服戴帽子的司机驾驶，有节日时还有舞会庆祝，音乐悠扬。整幅图画给患难中的中国人，一个安居乐业、屋舍俨然、歌舞升平的景象，诚然是一个理想居住环境好榜样。整个环境成为他们将来追求的样板，心想：有朝一日，我也会依样画葫芦，享受他们的居住环境。与此同时，亦憎恨列强在我国领土，国难时期，横行无忌，居然享有这种特权。这种心态和思想，有如奴隶对奴隶主，既憎恨又羡慕。

从工业革命始（新建筑约始于1850年）一百多年来，中国本身缺乏现代建筑模式（样板），租界内的洋建筑，便成了部分中国人过去一百多年来遥不可及的理想模式了。时至今日，很多租界内的建筑仍然存在，成为现今富人追求的模式之一。

洋教育影响深远

在大陆很多城市，以及中国香港，绝大部分超过一百年的中学和大学，都是由洋神父、洋牧师、洋传教士创办的。而且每代父母，在他们的孩子还在娘胎时，已希望他们出生后能进入这些学校，因为它们在当地已成为名牌学校。这些学校校名，有翻译法文、英文的如圣士提凡、圣保罗、圣何塞、圣心、圣嘉诺撒、圣方济各等，或索性称为女皇或英皇乔治第五。洋教士有来自意大利、法国、英国、爱尔兰等国家。

大部分读洋学校的学生，尤其是以英文为校名，以英文教学为主的学校里的学生，他们受外国文化熏陶，同时，学校很少教授中国文化，很少学生有中国这个国家的观念，不是洋化了便是耶稣化了。

从19世纪中叶到20世纪中叶，中国是半殖民地半封建时期，香港自1841至1997年回归中国是殖民地时期。在这个期间，有些地方受着长时间洋化教育，甚至是奴化教育的影响。对中国常识和文化长期隔膜，不求甚解，这个负面影响，时到今天，仍然随处可见。对西方的文化，尤其是生活方式和物质方面，非常崇拜和追求。

2.5 经济崩溃导致对古文化信心崩溃

一个人穷的时候对自己的一切能力失去信心，对未来没有把握，所谓人穷志短。有些不肖子孙还责怪祖宗和祖宗墓地风水不好，除了自己，天地一切都会责怪。一个国家经济崩溃，人民便埋怨责备国家的懦弱无能，列强侵略者以武力征服自己国家后，人民对国家、老祖宗的那一套古哲学、古文化完全失去信心，因为对着船坚炮利古文化是没有抵挡的能力。但有没有想过，如此腐败的政权，就算没有列强入侵，经济也会崩溃，与古文化无关。

在本文第一章"文明"与"文化"有述及这两者的分别。在列强以船坚炮利摧毁我国的自尊和主权后，继而受到的大灾难，便是经济崩溃，最后是使国民感到几千年古老文化，对抗蛮不讲理的西方文明，是完全没有功用的。很大部分国民对古文化，失去信心。古文化包括传统哲学、经史子集、伦理道德、人生价值观等哲理和信念；也包括了积累几千年而成的美学、礼节、古训、饮食器皿、古乐琴瑟、节日、生活方式和传统建筑等理想和追求。这些哲理、信念、理想、追求，是我们中华民族的骄傲，赖以长存于世界的滋养，使我们有健全的躯体和不朽的精神。可这些"器道并重"的古文化却因国民经济崩溃，显得完全没有半点力量和用途。这个时期可以说是西方文明征服中国文化的时期。

中国国民对列强的入侵所受的苦难很无奈，对中国古文明、古文化失去信心，而找不到代替品。旧的去了，新的文明，新的文化，尚未到来，这是一个文明、文化真空时期；就像一个人温饱不保，体弱多病，精神沮丧，心灵空虚的遭遇一样，最容易受外菌感染成疾，身心更脆弱疲劳。

差不多在同一时期（明治维新1867—1911年，共约45年；洋务运动1860—1890年，共约30年）日本却成功地实践了以夷制夷的理论，积极派留学生到欧美诸国，专攻科技、军事、工业、经济等专业，全属西方"文明"。从明治维新起，以四代的时间，便可派遣航空母舰轰炸美国在夏威夷珍珠港的舰队！但最后，因仿效西方文明成功，而带来了几乎全民灭亡的灾难。

古训今用

水能载舟，亦能覆舟。有了文明，等于有了水，要看你怎样去运用它。历史上的军国主义国家，都不明白这个道理。古文化对正在崛起的中国，有着无限的警惕和催生作用。古文化表性或象征性最强之一，亦是历代每次受外族侵占，中华民族、中华文化，不但没有灭亡，而每次可以延续生存下来，并发扬光大。我认为中华民族能够刻苦耐劳，忍辱负重，是靠古文化支撑这种精神。例如最受褒贬争议的孔子，在当今中国最能起警惕作用。

《论语·学而》：

"子曰：'君子食无求饱，居无求安。'

子贡曰：'贫而无谄，富而无骄，如何？'

子曰：'可也，未若贫而乐，富而好礼也。'"

请读者原谅我常常引用以上"学而篇"。我认为很多现代个人，以至社会的问题，皆由于不懂或不信这个道理，故不厌其烦屡屡敬录。中国经济起飞步向大国途中，更需要古文化。

《道德经》第二篇，尾段：

"万物作而不辞，生而不有，为而不恃，成功不居，夫唯不居，是以不去。"

古文化最宝贵之一是"诸子百家"，其中老子的《道德经》，至今仍然非常准确地预告，无论个人或国家，某些事可以做，某些事不可以做。有些事情不能不做，做了便算，便放下，不需拥有，不需自夸、自傲，无须居功；正因为你不居功，人们不会忘记你的。忘记古训，如成功不退还独居，不但对个人不好，还可以连累了整个国家，历史上屡见不鲜，直至今天也如是，你说古训重要不重要？

日本在19世纪中叶受美国海军欺负，并没有失去信心。日本帝国的崛起，最后能以夷制夷，却"制"不了自己的自傲、自恃、骄横和野心。日本没有像中国诸子的古训，年纪大的知道孔子，有文化的很信奉孔子。但我相信，日本帝国的兴起只相信和只靠西方现代文明，结果走得不远。另外一个观察，是明治维新的最终目的，不是为国民谋幸福，而是达到人强马壮后，便立刻侵略霸占中国，甚至整个亚洲，以至和德国瓜分地球。明治维新结果给日本带来了有史以来的最大灾难，其中一个重要的因素是太相信西方文明，并背弃传统文化。

不忘旧而有创新

中国改革开放后不久，京剧复兴。我对朋友说，我对改革开放有信心了！友问何故？我说京剧的故事，大部分是忠孝仁义，廉耻道德的故事；不是三国演义，便是水浒英雄，不是杨门女将，便是开封包丞。这些故事，都是中国传统优秀古文化，是现代化的必需品，是平衡文明和文化的调节剂。

与此同时，中国亦出了不少现代音乐家。相当突出的是陈其刚。西方乐评家说："他的音乐使快要变为化石的西方现代音乐重生。他的童年，有幸地受过中国古文化的家庭熏陶，也受过强烈的'文革'冲击。1984年到法国，受到西方文化洗礼。从1984到1988年，是当代音乐作曲大师奥利弗·梅西恩（Oliver Messiaen）的唯一入室门生。在这四年中，陈其刚不但认识和学会如何热爱现代西方音乐，而且师徒间建立了坚强的友谊关系。他有深厚的东方和西方传统文化根。"

简单地说说我的理解和感受：他的音乐"新中有旧，旧中有新；西中有中，中中有西"。最欣赏动人的，是他把京剧里的青衣唱腔（女高音）融入交响乐中。他的作品不但不是崇洋媚外，而是把"快要变为化石的西方现代音乐重生"，更使中国音乐走出一条面向世界的新路。更可幸的是，除了陈其刚，还有一群走这条新路的年轻中国音乐家，不但了解中国传统音乐，而更可以跨越融合西洋传统，创造出个人和国际性风格。

对传统文化失去信心，便很容易接受甚至仰慕他人的文明及文化。但对传统文化失去信心的人，其主要原因是不了解它的重要性。问题是在我们如何去接受它，运用它，以至延续它，因为我们都是从那里来的，它是我们的根。崇洋媚外，尤其是崇、媚西洋古建筑，与我们这一代，未来很多代，是拉不上任何文化关系的。

试想，如果陈其刚没有家庭给他中国古文化的熏陶和强烈"文革"的冲击，或对中国古音乐失去信心，他怎会把快要变为化石的西方音乐重生。

经过30年的改革开放，中国经济发展稳定，取得可观的成绩，应该是对自己古文化取回信心的时候，无须再崇仰西洋文化也。

2.6 中国近代，社会动荡，没有工业革命，缺乏现代建筑模式

历史上往往有记载："是年，风调雨顺，国泰民安，五谷丰登，六畜兴旺。于是，大兴土木。"如果是"连年大旱，民不聊生，盗贼四起"不用说不但不会大兴土木，连人民的性命也朝不保夕。

在西方的工业革命时期，现代建筑运动萌芽，中国正受列强欺负，社会动荡，第一代建筑师少有建筑设计创作机会，所以亦少遗下中国现代建筑模式。可能，这个遗憾和缺陷，就是崇洋的一个大原因。

除了众所周知的经济侵略，列强还有文化侵略

清末民初，社会动荡，从鸦片战争起至中华人民共和国成立（1840—1949年），中国社会陷入半殖民地半封建的境地。对列强入侵和欺负，无能抵御。整部中国近代史，页页充满战败、妥协、投降、割地和不平等条约，国库空虚，欠债累累。（参看范文澜著《中国近代史》上册，人民出版社，1954年）。

列强侵略中国期间，软硬兼施，短线兼长线，长线就是文化侵略（参看刘大年著《中国近代史诸问题》，人民出版社，1965年）。为了读者方便我把整段抄录于后：

"文化侵略，改造、利用中国资产阶级知识分子，是帝国主义的非常阴险、狡猾的侵略政策。传教、办医院、办学校、办报纸和吸引留学生等等，这就是侵略政策的实施。其目的，在于造就服从它们的知识干部和愚弄广大的中国人民。美国帝国主义在这方面更是先知先觉。人们还记得，早就有个叫做詹姆士的美国人向美国政府提出过一个培养中国

知识分子的方案。他说：'哪一个国家能够做到教育这一代的青年中国人，哪一个国家就将由于这方面付出的努力而在精神的和商业的影响上得到最大的收获。为了扩张精神上的影响而花一些钱，即使从物质意义上说，也能比别的方法收获更多。商业追求精神上的支配是比追随军旗更为可靠的。'帝国主义这个毒辣政策给中国留下了长远祸害。直到中国民主革命胜利以后，对于应当如何看待中国和帝国主义国家的关系，还是许多知识分子碰到的一个严重问题。"

如何看待和帝国主义的关系

其实，直到今天21世纪，不单是"许多知识分子"，而是许多各行、各业人士，包括某些领导层以至老百姓，在意识形态上也不知应当如何看待中国和帝国主义国家的关系，更没有想到，在建筑文化上，会碰到同样的严重问题。可以说，事实证明，收获远远超过詹姆士所能想象。单看阜阳市颍泉区白宫模样的办公大楼，已知道在某种层面上，美国正在建筑文化上，征服了中国某些领导层。崇洋媚外，已深入民间。詹姆士做梦也想不到，19世纪时，"为了扩张精神上的影响而花一些钱"，到21世纪，无论从物质上、精神上，仍然继续收着高利息！

20世纪下半期，很多从外国回到本国的知识分子和留学生，都非常向往欧美。有的几年后不满本国现状，回到欧美去，造成国家人才流失。选择留下来的，有些常常把国情与欧美国家比较，不但令自己沮丧失望，也会影响和令到同学、同行对国家、社会不满。这不但造成知识分子本身的分化，也使部分上层知识分子与社会脱节。虽然这个现象还未引致社会动荡，但这部分知识分子，对社会贡献，已不能起积极的作用，造成自我筑建的知识金字塔与其他知识分子有隔离。

洋务运动

中国社会陷于半殖民地半封建的境地，是中国老百姓的无辜和大不幸。在这个动荡的社会里，民不聊生，当然很少建筑活动，更难奢望建一些可以安居乐业的居住模式。

洋务运动以夷制夷的实践，虽然失败，但亦有学者认为是中国经济历史发展的必然性。夏东元著的《洋务运动史》（华东师范大学出版社，1992年）附录第五，小题目为"分歧何在"中说：

"洋务运动史的研究，到目前为止，基本上可分为三家：即肯定论，否定论和发展论。

"肯定论者认为洋务运动兴起，主要是为了抵御外国资本主义的侵略，而镇压人民革命的叫嚷，不过是为了转移侵略者注意力，以便不动声色地加强国防力量，相机给侵略者致命一击。否定论者紧握着'帝国主义和封建主义相结合把中国变为半殖民地和殖民地的过程，也就是中国人民反对帝国主义及其走狗的过程'（下简称'两个过程'）的政治路线，用'两害相权取其轻'为标准，来衡量洋务派和洋务运动，既有反动性也有买办性，当然没有什么可取之处，不折不扣把洋务运动划入'帝国主义和封建主义相结合把中国变为半殖民地和殖民地'一边……"

在洋务运动史附录6，小题目"评价标准"中夏氏说：

各家各派之所以有不同意见，因素很多，例如资料掌握不同，研究角度不同，等等。但归根到底，主要还是由于所运用的方法不同和所持标准不同的缘故。否定论者运用传统的'两个过程'阶级路线斗争的标准，认为洋务派为了维护清朝反动统治，勾结和依靠外国资本主义侵略者镇压人民革命而发动了洋务运动，所以对洋务派和洋务运动予以否定；肯定论者运用五种生产方式变革规律为武器，认为当时中国正处于资本主义必然代替封建主义的时刻，洋务运动对中国资本主义的发生发展起了促进的作用，符合历史发展要求，故全面肯定其为进步的运动。我对洋务运动的评价之所以不同于否定和肯定两家的意见，是由于我运用了阶级观点和历史主义相结合的方法，这也就是历史唯物主义的观点方法……

……历史唯物主义的出发点就是经济，阶级结构和阶级斗争的内容和规律，取决于经济发展的水平和状况……

显然，社会一切斗争和变革，归根到底是经济变革的反映，同时又反射到经济变革中去……

同正确运用历史唯物主义评价洋务运动相关联一个重要问题，即动机和效果的关系问题。否定论者强调洋务派的'动机'很坏，肯定论者说洋务运动'效果'很好。我认为，历史学是研究客观历史规律的，人的'动机'不是研究对象，但也不能离开人们的主观作用而一味谈'效果'。人类历史的历史发展规律，不同于自然界的规律，它是人类活动的结果，因此，历史唯物主义必须研究人的主观因素。这个主观因素，主要是人们所制定的路线、政策方针，和经过思想家头脑加工过的思想，而绝不是某个人的'动机'……为了正确地反映这个规律，必须研究政治制度、军事制度、经济基础、文化教育、人才培养、风俗习尚等等各个方面的广泛的问题。洋务运动既是'数千年来未有之奇变'，它在历史学上的地位之高，也就不言而喻。不管是发展论、肯定论、否定论者，似乎都认识到，不研究好洋务运动的历史，就不能真正懂得中国近代经济、政治、文化思想的历史，一句话，即不真正懂得中国近代史的发展规律；而对于社会主义现代化理解的深刻性也受到影响，这是我们史学界的一个进步。"

如果像夏氏把洋务运动"置于历史长河的发展规律中进行考察评

价"，便可以得出否定论者、肯定论者和发展论者的看法，比起上海人民出版社1973年出版的《洋务运动》，内容和评论丰富得多，把我看历史的视野扩宽和加深。我不是历史学者，也不是经济学者，资料更有限，在本文的2.4段"民族意识薄弱"中，已提到在差不多同一时期同治维新，就是日本的洋务运动的"成功版"。就当时中国国情来说，洋务运动不但不成功，更增加了人民痛苦和社会动荡，大部分因素是人为的。

在这个可悲的近代史中，半殖民地半封建的社会里，由封建剥削制度、官僚、军阀至商界，因国难及其地位，乘机进行对国库和民间经济掠夺。其间也有因人际关系，从中谋利的财阀，累积大量财富，很多这类的钱财，移往外国。因政治局势不稳定和社会形势动荡，有钱人也不在国内兴建理想的大宅，更不投资房地产，这也是没有建筑模式可寻的原因之一。

2.7 唯我中华"泱泱大国"心态历程和启示

中国历史长河中有三个时期，堪称"泱泱大国"：其一是秦后之汉，其二是隋后之唐，其三是元后之明。在每一个大国国度出现之前，必有一个"准大国"致力统一大业，但当政时期都不太长。可能这三个大国国度在我们的文化基因，留下一些大国国度的足迹与憧憬，令我们今天仍有泱泱大国的心态。

2.7.1　第一个大国国度的诞生

直到今天，在国内还有一些表格里有"民族"的格子，我便填上一个"汉"字，我中小学时的中文教科书称为"汉文"，中文字和语言称为"汉字""汉语"，抗日战争时期的通敌者，叫做"汉奸"。可知两千年后，我们对汉代仍然很重视和尊敬。

汉代的丰功伟绩，不知从何说起，只好依靠《辞海》：

"汉朝代名。我国历史上强大的封建王朝。公元前206年，刘邦（即汉高祖）灭秦，后来又打败项羽，在公元前202年称帝，国号汉，建都长安（今陕西西安），历史称为西汉或前汉。疆域东至黄海，南与越南为邻，西至今新疆，北到今内蒙古，东北与朝鲜为邻。西汉初减轻徭役和田赋，安定人民生活，生产得到恢复和发展，到汉武帝时成为亚洲最富强繁荣的多民族国家，并和亚洲各国建立经济、文化上密切联系。初始元年（公元8年），外戚王莽代汉称帝，国号新。曾进行改制，企图缓和西汉末年尖锐的阶级矛盾，以维护封建统治，结果失败。天凤四年（公元17年），爆发赤眉、绿林农民大起义。建武元年（公元25年）皇族刘秀（即汉光武帝）窃夺农民起义的胜利果实，重建汉朝，建都洛阳，历史上称为东汉或后汉。东汉末年，宦官掌握政权，横征暴敛，地主豪强残酷掠夺农民土地，中平元年（公元184年）爆发了黄巾农民大起义。初平元年（公元190年）起，军阀割据混战，东汉名存实亡。延唐元年（公元220年）曹丕称帝，东汉灭亡。汉共历二十四帝，统治四百零六年。"

西汉时期，平定、制止了强大北方的匈奴入侵，在这个军事军备的基础上，疆域得到空前的拓展，并巩固了国土的统一。同时，致力和平亲邻政策，以汉族为主体的多民族国家，统一北方各少数民族、西南的滇人和南方的百越人，发展农业、耕织捕鱼、造船业及商品经济。

汉武帝为了应付匈奴仍在西域侵扰，遣派张骞出使西域，寻找联盟共同牵制匈奴。张骞出使十三年到了目的地大月氏，联盟不成功。第二次出使也不成功。两次出使都经过千辛万苦，出生入死，但带回来大批资料，使汉武帝三次出击，削弱了匈奴在西域的势力。更重要和有意义的是，打通了通向西方的道路，开拓陆路丝绸之路，直达地中海地区。从此，中国与中亚、南亚、西亚和到欧洲的贸易，真正建立起来，推进文明的发展。

在汉代之前的秦代，可说是汉代昌盛的先行者、先驱者及奠基人。秦人征服六国历程艰辛、残酷、曲折而漫长，秦始皇帝即位却只得十多年，但建树多不胜数。最重要的是："废除分封制，创建中央集权制度，为发展经济、文化而统一有关制度和文字，奠定疆域，初步建立统一的多民族的国家。"（《中华文明史》第二卷）

可惜，东汉末年，宦官掌握政权，横征暴敛，残酷掠夺农民土地，爆发了黄巾农民大起义，军阀割据混战，东汉名存实亡。

2.7.2　第二个大国国度唐

唐代盛世，不见得比汉代简单，再靠《辞海》：

"唐，我国历史上强盛的封建王朝。隋朝在农民大起义下土崩瓦解，公元617年太原留守李渊乘机起兵，攻克长安（今陕西西安）。次年隋亡，他在关中称帝，国号唐，建都长安。唐初继续推行均田制，实行租庸调法，社会经济有所恢复。实行府兵制，编订法典，修改氏族志，扩大科举制度，加强了中央集权。到了玄宗开元年间，社会经济发展，国势强盛。疆域东到黄海，南与越南为邻，西到今新疆，北到长城以外。安史之乱后，藩镇割据，战乱不息。再加宦官专权，官僚间朋党倾轧，政治腐败，赋役繁重，农民大量流亡。874年爆发王仙芝、黄巢领导的农民大起义。907年为后梁朱温所灭。共历二十帝，二百九十年。"

我们从小便称穿中国服装为"唐装"，中国人为"唐人"，在西方名闻各国的华人埠称为"唐人街"，可以想象，我们对唐代的眷意和仰慕。

史家很喜欢把"隋唐"两代一起并称，可能是因为这两个朝代都致力融合西域、北方与东北各民族贸易和文化。隋开创科举制度，唐代长安是当时世界上最开放、最多外国人聚居、最国际化的大都会，两代都有改革开放、开拓丝绸之路、通商贸易，经济发达。

从《贞观政要》便可知初唐时代大臣间的诤议和向唐太宗的奏疏，是相当不怕犯上和公正真言的，就像现代一间现代大公司开董事会的议案对话记录一样，说明政治明朗和上轨道。

唐代没有张骞，也没有郑和，但有玄奘，不是通商或展示文化、国力，而是去取经，"处于盛世的大唐帝国不仅有宽广的胸襟，欢迎远方来的朋友和容纳外来的不同文化，而且还主动走出去学习、吸纳不同地区、不同民族的异质文化。玄奘大师和义净大师先后赴印度取经就是光辉的例子"（《中国文化读本》）。

对建筑师来说唐代建筑、雕塑、绘画、佛像、装饰设计等艺术是登峰造极；唐诗更不用说，从来没有一个朝代出这么多的诗人，更没有一个时代能够使孩童以至老叟都喜欢朗诵诗篇。唐代的艺术创作，可以说是前无古人后无来者。

唐代的昌盛也有一个先行者、先驱者——隋。隋代对唐代的贡献，很像秦之于汉，集中对内的一统的整治。中国河流是由西流向东，令南北水乡、水运割断。隋兴建大运河，"最重要的目的就是确保南方的物资源源不绝输送到北方，供首都的需要。从公元584—611年隋朝先后修建广通渠、永济渠、山阳渎和江南河五大段。南起余杭（今浙江杭州）、中经江都（今江苏扬州）、洛阳，北达涿郡（今北京），西抵长安（今陕西西安），全长总计4000多里，从南连接了钱塘江、长江、淮河、黄河、海河五大水系，成为南北交通大动脉，大运河宽60余米，两岸有御道，道旁种有柳树。"（《中华文明传真》第6册）

隋代不但是先行者、先驱者，而且是投资者，唐代是受益者，得以繁华昌盛。

可惜，安史之乱后，藩镇割据，战乱不息，再加宦官专权，官僚间朋党倾轧，政治腐败，赋役繁重，农民大量流亡，黄巢领导农民大起义，唐遂灭亡。

2.7.3 第三个大国国度明

《辞海》：

"明，1368年朱元璋（明太祖）称帝，推翻元朝的统治，建都南京，定国号明。成祖迁都北京。疆域最盛时东北到黑龙江口，东南到台湾、海南岛，西南到西藏，西北到嘉峪关外天山东麓，北到大漠，后移到长城。初年厉行中央集权，加强专制主义统治。又吸取元末农民大起义的教训，奖励开荒，兴修水利，减轻赋役，惩治贪污，放松对工匠的控制，使农业、手工业和商业都有发展。1405年开始的郑和七次航海，使亚非各国友好往来更趋密切。正统以后（1436年起），土地集中，封建剥削日益严重，农民起义不断发生。正德年间（1506~1521年），河北、四川、江西等地的起义一度形成高潮。万历初年张居正执政，曾推行一条鞭法等改良措施，亦未能认真贯彻。但东南一带的手工业、商业在明代中叶很有发展，一些手工业部门中出现了稀疏的资本主义萌芽。万历中叶以后，官宦专权，政治黑暗，到处勒索掠夺，曾激起各地民变，统治阶级中的东林党人也掀起反对暴政的斗争。崇祯初陕北农民起义，不久扩大为全国性的农民战争。1644年李自成攻破北京，明朝被推翻。共历十六帝，统治二百七十七年。此后南方曾拥立明朝后裔称帝，抵抗清兵，历史上称为南明。"

明代给我们留下很多功绩，除政治、经济、军事外，最高峰的是科技进展，包括城市功能分区明确、世界最大的城墙、火兵器改进、水利、纺织、瓷业、世界最先进的造船业和世界最强大的远洋船队。

明代的先行者是沙漠草原帝国元朝，这个强大的蒙古游牧民族的统治者，在13世纪南征西伐，所向无敌，战无不胜，攻陷无数城池和土地，造成当地极大灾难。但后来有一段时期，亚洲和欧洲亦因而享有从没有过的文化交流。马可·波罗亦当了元朝的国宾，他的游记令欧洲人加深了解中国。

"公元13世纪到15世纪（1206~1402年）是中国历史上继魏晋南北朝之后的又一个北方民族活动高峰时期，先后诞生了四个强大的北方民族政权：契丹人建立的辽、党项人建立的夏（史称西夏）、女真人建立的金和蒙古人建立的元。与此前突厥、回鹘两个草原游牧国家不同，这四个政权都是仿照汉族王朝模式而建立的，具有国号、年号、汉式政权机构和一系列相关的礼仪制度。他们的统治范围已不局限于其民族原居地，而是不同程度、越来越深入地拓展到汉族居住区。辽和西夏分别控制了一部分北方、西北的沿边农耕地区，形成兼有农牧二元经济基础的政权。金朝进一步入主中原，与南宋形成对峙。元朝则完全统一南北，成为中国历史上第一个由北方民族建立的大一统王朝。辽、夏、金、元在中华文明发展史上起到了不可忽视的作用。边境冲突和民族征服战争使得内地汉族农业文明受到了沉重的打击和破坏，但与此同时，上述北方民族政权又在开拓边疆、推动民族融合和文化发展、活跃中外文化交流等方面起到了汉族王朝难以替代的积极作用，对中华文明的整体发展作出了重要的贡献。

"在13世纪前期到15世纪的两百年内，中外关系史翻开了崭新的一页。陆路方面，蒙古西征扫平了欧亚的此疆彼界，打通了中国与欧洲的直接联系。海路方面，海外交通和贸易在南宋的基础上继续发展，孕育出了明朝前期举世闻名的大规模远洋航行——郑和下西洋。这些成就在中华文明的发展历程上，都是值得大书特书的。(《中华文明史》第三卷)

可惜万历中叶以后，官宦专权，政治黑暗，到处勒索掠夺，曾激起各地民变……崇祯初，陕北农民起义，不久扩大为全国性的农民战争，明朝被推翻，共历十六帝，统治二百七十七年。"

其他丰富史料内容可参考《中华文明传真》(共10册)、《中华文明史》(共4册)，以及《中国文化读本》。

2.7.4　三个大国国度历程的启示

"唯我中华泱泱大国"的心态，自古有之，在我中学时(20世纪40年代)的课本，触目皆是："我国历史悠久，幅员广阔，地大物博，资源丰富，民族众多，文化源远流长，历代各吐异彩，分结丰硕。"谈到其地域或城市，便是"山灵水秀，奇花异草，物阜丰华，人杰地灵"等标准例行词句，读得多了，连自己也信之、用之无疑。其实，可生产之地并不大，物也不博，资源也不算丰富。此等自我陶醉的语句，可能出自历史长河中的太平盛世时代，可能人口尚未有剧增之前，又可能在列强尚未入侵之时，更可能这些字句，出自养尊处优，而性好夸大的文人手笔，令人读来自傲，甜在心头。再读便似是而非，认真分析，才知内容有些不是，而且是重要的部分不是。最大的原因，是中国人口膨胀，比起日本帝国侵略中国时的四万万五千万多了三倍。素以农立国，以十三亿人口计算，耕地本来就不够。历年来大西北、大北方等平原沙漠化，全国耕地城市化、基建化（即兴建公路网、水电气线、地下网络或高架桥梁和道路等设施），黄土高原、山地、三角洲土地流失化。可畜牧、可耕种之地越来越少了，当然渔农畜产物也不"博"，最重要的工业燃料，石油和天然气，也要进口。

但是"唯我中华泱泱大国"的优越传统心态，也有它的优点和好处。它可以使我们看事物用远大的眼光，处理事情宽容，胸襟弘量，泰山崩于前而不变、不惧，万事不用着急，来日方长，我们有的是时间，可能因为在我国几千年的历史长河中，什么天灾人祸的事情都熬过，祖国不是仍然屹立吗？所以我们对什么大不了的事情，都是处之泰然。

宽容的好处，也是它的不好处，便是事事包容、随便：由于包容和随便，便没有什么要求，而疏于分辨和选择，懒于积极和进取，不加思考，不分皂白，顺手拈来，顺其自然，可能导致拿他人的脸谱当己用，失去自己本来面目，什么外来的东西都可以接纳，最后便失去自我性格和个性。大国之风，来者不拒嘛！对自己的文化不敬、不太了解，也不愿花时间去了解，对外来文化太宽容，也不求甚解。

但泱泱大国的心态，亦会产生优越感，如大汉民族主义、日耳曼民族主义，以为自己是超人，外来的东西不值一看。两种心态，都属不正常。

可惜，目前的情况，多属"泱泱大国之风"，不但来者不拒，自己不去寻找自己的面目、自己的风格，抄袭洋建筑风格，还会自动去招洋建筑师来！

另外一个更重要的启示

以上三个大国威赫一时，声名远播，可是收场的因素却是如出一辙：政治腐败、黑暗，宦官专权、掌握政权，赋役繁重，各地民变，农民大起义。尖锐化这种情况，就是政治腐败，导致农民吃苦，被迫反抗，最后是全民大起义。再简化这种因果，便是农民对抗腐败政治。历史上层出不穷，何止三大国。

2.8　建筑师地位低微，影响力弱

中国古代没有建筑师❶，现代建筑师始于20世纪20—30年代，都是留学外国回来的。那个年代，中国政治经济社会发展都不稳定，回国后第一代的建筑师没有更多机会施展他们的设计技能，一些建筑师对建筑历史研究做功夫，遗留给我们非常宝贵的学术创见和数据❷。新中国成立后，建筑师的工作实践机会和地位大大提升，到前所未有的地步。但在社会地位上却不高。"文革"时期，建筑设计被否定，大学没有建筑系，只有建筑工程系。改革开放后，第四代建筑师虽有极少数被委任副县长，甚至副省长，但听命于领导；这与新中国成立初期第一代建筑师梁思成听命于政治领导，同出一辙。近十年，是建筑师的黄金时期，但最重要的项目，多由洋建筑师包办。

---

❶ 本文稿写完付梓后，张钦楠只赠我他写的《中国古代建筑师》(三联书店，2008年)，请读者参阅。

❷ 参阅《中国四代建筑师》(杨永生著，中国建筑工业出版社，2002年)

中国建筑师不刻意去追求社会地位

可能是专业教育的关系，建筑师一般对自己的职业是相当爱好的，喜欢埋头苦干。最好的建筑师，对其专业有激情，陶醉于设计工作，向往和欣赏好建筑物。建筑师多崇拜明星建筑师，但正因为建筑师专于业务，少涉政治、社会动态，更少参与政治、社会舆论或活动，便有些脱离群众，走进自我陶醉的象牙塔，对群众当然失去影响力，对政府的影响力更微。所谓明星建筑师是指被世界传媒捧红的建筑师，当然他们先要获得世界级建筑设计比赛胜出，或其他作品得奖。但是这些明星多不问政治或企业发展，所以在社会活动上，仍是低调，影响力不大。

从我认识的大陆和香港建筑师而言，大部分没有刻意或觉得有必要、有责任继承中国建筑文化传统，去发展现代富有中国特色的建筑设计，也没有这种概念，他们的业主更没有这种要求。一般建筑师的创作途径，比较容易受明星建筑师的影响去寻找设计之路，而且此举也比较容易被业主认同和欣赏，也可能比较容易得奖。起码，比起从中国传统建筑，或建筑文化，寻找启发之路容易。其他科目或行业，如物理、经济，有以理论闻于世者，如物理学家爱因斯坦、霍金，经济学家亚当·斯密等，他们对社会有相当影响力，并获社会尊重。专业建筑师、理论建筑师（我国似乎很少这种人），无论如何成功，他们没有政治地位，社会地位也不高，影响力当然不大。

建筑师当副市长、副省长，不是有较大的影响力吗？但据我所知，他们的工作多属管理监督城市规划和建设、基建工程项目，责任是推行既定政策及监管工作进度，在政治、管治上是第二线人物，影响制度、政策不大；也因工作很少涉及设计，与美学无关，不能影响或帮助同业。

私人建筑师对目前的崇洋媚外的假洋建筑，多不置评。可能由于忙于干活，恐怕会被人嘲之为酸葡萄！反正，只要房子能造成好销路、好买卖，批评崇洋媚外对假洋建筑不会造成任何减产或改变。

与英国建筑师比较

在英国的大学多有勋爵荣衔的商人、学者当校董、校监、校长和教授，这对大学的声誉很重要，他们被视为大学镇山之宝。如果本科有一位爵士教授那就更为光荣了。

这些荣衔不是世袭的，而是在每年英女皇诞辰时，宣布一系列的得勋衔人士，并介绍他们在社会上的主要工作和贡献。受勋的人士包括参与政治、宗教、教育、学术、科学、医学、建筑、艺术、文娱、社工等工作人士。如果专业人士得到了勋衔学会也光彩了。通常得到了勋衔后，有关领导便会委派他们到各种中央、地方政府、社团公共机构担任顾问等职位。

这种授勋制度，不但鼓励国民对社会作出贡献，而且对受勋人来说实在是非常有助于扩展或提升他们的海内和海外的业务，直接提升了他们在社会上的地位。

2.9 长期封闭，突然开放

长期封闭，突然开放，有三个现象：一是久旱逢甘露，二是饥不择食，三是制度改变。甘露者，是使人民除去"文革"的长期枷锁，得到肉体和精神的解放。其实这个长期，是包括由1949年新中国成立和朝鲜战争以来，西方对中国的封锁，与西方（尤其是英美）隔绝，有三十年之久。饥者是包括物质和精神饥渴，尤其是对外来的东西，觉得新鲜和好奇，不理有文化方面之差异。最难处理是制度的改变，引至大部分人有所失，小部分人因而有所得。

绝处逢生的改革开放

改革开放在近代国运历程来说，是置于死地而后生，绝境逢生的大转变。如今，全国经济发展迅速，国民平均收入提高，国际交往地位提升，并具有前所未有的国际影响力，金融货币稳定，工商业一片繁荣景象。可以说，是乾隆盛世以来，从未有过的昌盛。

改革开放带来了结构性的变化

在20世纪80年代初，我被邀请到北京，参加中国建筑学会年会。会议后的一个晚饭，大会安排我坐在当年学会理事长阎子祥先生旁边。席间他对我说，饭后请到他房里小叙。我整顿饭吃得不太舒服，怀疑着究竟阎老要跟我说什么，而不能在席上说呢？

好不容易等到晚饭过后，到了他的房里，他招呼我坐下来，又替我倒了茶，我才发觉老人家脸色虽然有些酒红，但遮盖不住心情憔悴。我就问他身体状况如何？他说："还可以"，叹了一口气，然后慢慢的说："社会变了，很多人，尤其是年轻人，已没有国家民族观念，他们只顾赚钱，将来不知变成怎么样？我很担心。"

"是啊，社会变得很快。"

"唉！年轻人太注重物质享受，这种现象令人担忧。"

我发觉他双眼泛起泪光，他提出的问题又是这么复杂，一时想不出说什么话去安慰他老人家，只能点头同意。我记得一位资深会员跟我讲过，阎老是1927年的老党员，抗日战争时期，曾是某地区千余人游击队党代表。改革开放带来的问题之一便是经济挂帅后，国民对国家观念渐淡，对金钱观念渐强。没想到当天晚上，阎老在忧国忧民、无可奈何的情况下发出的感叹，就是这个难以解答问题，我也不知道说什么去慰藉他。

改革开放、四个现代化演变得越大、越深，社会变化越广、问题越多、越复杂、越严重。这是无可避免的，因为开放就是什么东西都可以进来，与封闭相反，那是什么东西都不能进来。既然什么东西都可以进来，那就包括好的和不好的，对人民有好影响的和对人民有坏影响的。长期封闭时期，国家给人民一个很强的信息和信仰，就是怎样爱党、怎样爱国，怎样爱护群众、依赖群众，怎样才算活得有意义，怎样才能使生命更有使命感。但是没有教导人民如果脱离群众怎样才能个体生存、个人怎样能够谋生，没有给予人民一个致富的方法和机制，更没有一个共同致富的方法及机会。

基于以上的各种因素，改革开放后初期，人民对国家民族的理念和政治信仰淡化、混乱、甚至湮灭，谋生制度改变，令人彷徨、无奈。但新制度或原有制度改变造就了一批批有特权的人、头脑灵活或性格善变的人，短时间内便能适应新的环境，不但可以应付谋生，而且懂得如何可以致富。至于如何致富，有些人更不择手段。

在阎老忧国忧民的感叹后，不出几年，我们在香港也可以看见大陆一些怪现象：做官的要尽快升官，从商的要马上发财，做学问的要尽快成名，名成利就；从官场、商场到学府，钦点文化盛行，以致如"智者不惑，仁者不忧，勇者不惧"的人越来越少；好的地方越来越好，坏的地方越来越坏；有钱的人越来越有钱，穷的人越来越穷。但大部人对社会的变化感到不解，甚至失落，个人与个人、群体、国企的关系矛盾重重下，对目前的一切不满，这也是可以理解和可以预料到的社会现象。

这个时期带来信仰真空、思想真空、审美真空、格调真空。在这个"四大皆空"的情况下，从信仰、思想、审美至格调，都没有方向，只有不停的转变和震荡，崇洋媚外在审美和格调真空的情况下，应运而生。

豪华衙门

改革开放后不久，很多中国地方省市官员往外国考察，回国后也受到在外国所见到的建筑物影响，在各省市，甚至县市，也兴建起高楼大厦，比起北京大有青出于蓝之势，最好的例子是安徽阜阳市颍泉区仿照美国国会大厦而建的白宫式区政府办公楼（见图5）。

香港《镜报》，2007年7月号，作者徐永康，以《胡锦涛点名批评豪华衙门》为题的文章，第二段小标题"衙门竞奢华，由来已久"指出："这些年来，各地机关衙门竞相建造高规格的办公楼等楼堂馆所早已不是什么秘密。在经济发达的地区，这足以显示本地经济发达的成就，某种程度上也是炫耀的资本；即使在中西部普通的城镇甚至是贫困县的县城，也有一幢幢大楼拔地而起，让当政者留下自己'为官一任，造福一方'的'政绩'。这次被曝光的四个例子虽不全面，却有一定的代表性。"

文章刊登了"四起违规修建豪华衙门"中两起图片。其一图片说明中纪委等七部委通报河南濮阳县等四起违规修建"豪华衙门"的典型事件。其二图片说明"国家贫困县江西修水县花巨资新建县府办公大楼，并耗资亿元新建占地上百亩的县府大楼及广场"。单靠两张图片粗略察阅，前者可见有北京人民大会堂建筑设计的影子；后者用玻璃为外墙，好像面积大了一些，却颇有创意，可惜两者皆犯了"豪华衙门"的浪费罪过。

2.10 重"新"轻"古"，重"科"轻"艺"

自古以来，中国各朝各代，不是重文轻武，便是重武轻文，间中还有沉迷宗教鬼神和长生不老的仙丹妙药。这种种不平衡的发展，与当朝国情安逸、歌舞升平不无关系。

中国改革开放三十年来，着力经济发展，而科技是经济发展的重要基础。金融海啸后已证实，中国经济已达到国际前茅，至令西方经济学家相信，世界经济舞台，已开始由欧美转移到亚洲了。

但在现代国际竞争加剧所需，改革开放已三十年的中国，已不须偏武或偏文，或重科技轻视艺术。中国有能力发展一套现代、平衡、既有科技文明，又有艺术文化，尤其是有国民责任、国家观念的自尊、自重教材，让各种才华的国民得以发展，以准备培养大国之需。

科教兴国国家发展无需要偏激

这个小题目的意思是：注重新文明，忽视古文化；注重科学、科技，忽视艺术创作、艺术思维。

在改革开放后，极力推行现代化。经过二十年遭美国封锁，加上十年"文革"，中国多种事业，物质文明，尤其是科技，与世界先进国家相比，显得相当落后。近十多年来西方某些先进国家倡导全球化，来势汹汹。我国确实需要急起直追。但全球各国在"二战"结束后,相继经过西方先进国家倡导(由美国主导)的"世界银行""国际货币基金""世贸"和"全球化"经济入侵和挑战,至今仍要时刻戒备。我国在过去三十年来迎头赶上,由生产企业至航天企业,无不以先进科技为目标,使令人民物质生活好转。在出口贸易上,夺得佳绩。在日常用品来说,中国已赢得"世界工厂"的美誉。甚至在某些领域上,青出于蓝而胜于蓝。

从经济发展看,着重和致力科技培养、研究,赶上西方,实现四化,途径是正确的,是成功的。但与此同时,导致改革开放后有一段时期,因重理科而忽略了文科;用现代语来说:着重科学科目,而轻待了人文科目,带来了一些顾此失彼的问题。

一个国家除了科教还有很多重要课题

大概来说,理科注重逻辑、实用、效果,而忽略了文科讲究的睦邻、道德、人生意义和价值观。人文科目其中与本文有着很重要关系的就是美学,和美学有关的科目如:文学(诗、辞、歌、赋等)、绘画(水墨、油画、漫画等)、雕塑、音乐(管、弦、打击乐、交响乐等)、戏剧(话剧、歌舞、戏曲、歌剧等)、建筑、设计(工业、平面、广告、时装、舞台等)、电影(活动画、模拟画等)。可能因时代、国家不同,科目的分类与归纳,领域与类别,各有不同。但无论如何,这些科目有一个共通的要求,这就是审美。

无论任何人文科科目,都有它的历史。美学和审美都需要有历史的认识。每个时代的美学观念如何产生?特点是什么?为什么有变化?沿革过程怎么样?在同一个时期,其他国家的美学理论如何?就算是理科科目，也有各科目的历史。可能缺少的，就是美学和审美的能力，缺乏格调的提升。

在目前的"重新轻古，重科轻艺"的情况下，中国现代建筑发展方向，没有可能得到重视。一般人民，对建筑设计的要求比较模糊。

2.11 "先富起来"一群的问题

让沿海一些居民先富起来的原意是："先富"来的人，帮助其他人"后富"起来。这个想法好是好的，但太天真了，因为先富起来的人，根本没有法律或道德责任，去帮助任何人后富。

先富与后富

无论任何一个国家，人民不可能同步、均衡、一起富起来，中国人口众多，分布地广，更不可能。让沿海的一群人先富起来也不容易，因为中国很多城市和人口密集于沿海，让谁先富起来呢？后来奇迹地先富起来的一群产生了，却带来很多问题。其中最严重的是，这一群先富起来的人，忘形地忘记了（或是因太忙享乐），带动其他人也富起来的责任。

我记得20世纪80年代初，一个大学老教授的月薪大概是900元人民币。我有一位香港朋友投资在粤北，开设一所易拉罐厂，工人月薪，不论年资，也是900元人民币！改革开放带来很多问题：国企转私企、国营变私营等经济转型，带来权益失衡、劳资关系和公私利益混淆等问题；因权益转变带来了社会矛盾和冲突，到现在还没有完全解决。

"从80年代资源分配的扩散趋势到90年代的重新积聚趋势的转变，是形成目前我国收入差距不断扩大以及由此造成的社会不公平的深层制度原因。"(《断裂》)。

显然，经济学和国家经济运作，比"先富后富"复杂得多，而且并非本文要研究的对象。我对经济学、社会学是门外汉，如读者对这方面有兴趣，详情可参看孙立平著的《断裂——20世纪90年代以来的中国社会》和《失衡——断裂社会的运作逻辑》两本书（社会科学文献出版社，2003年及2004年）。

本文不是要研究先富起来的一群，或是某某城市首富，如何找到他们的"第一桶金"，而是希望找到一些关于他们居住的豪宅档案，是否是仿欧洲复古派风格？他们之中，是否有些还投资房地产，是否也是搞什么欧陆风格？根据我的记忆，第一批万元户是农民，他们的大屋已略具洋相，起码已不是传统富农三合院四合院大户，而像小城镇富商大宅。

第二次世界大战前的香港，富有华人的豪宅，可以分成三类：一是以混凝土建造的仿古中国式；二是半中、半洋的香港殖民地式；三是不伦不类的仿古欧陆式。我到过一座仿欧洲古堡式大宅，全以花岗岩石建成，室内有高大过人的壁炉，几套中古战斗时穿的盔甲，并配以武器，花园还有几座古洋大炮，指向南太平洋，幻想海盗来抢掠？

我亦有一个幻想，如果这一群首富或先富起来的一群，有一些中国文化生活韵味追求，在20世纪80年代，沿海各地先建起四合院，或豪华四合院，或现代四合院，或某某山房、山庄、茶舍、庄园，可以用现代建筑设计手法，中国园林的空间布局，本地地方风格而又有新时代精神。有了这些新建筑，便可作为随后富起来的人的居住模式，崇洋媚外可能没有这么猖獗，就算是崇洋，也可以崇现代洋。可惜，事实不是如此。所以，我才猜想这一群先富起来的人，正如香港一般富人一样，缺乏对中国和西方文化的认识，也缺乏审美和品味的能力，才到现在的啼笑皆非的田地。其实，时至今日，个人崇洋媚外的最大因素，是缺乏对中国居住文化的认识。

我有一个希望，就是这个崇洋媚外怪风，是一般暴发户必经的过渡时期，更希望这个时期快些渡过。

2.12 有关领导、地方政府、房地产商缺乏中国建筑文化意识

有关领导缺乏中国建筑文化意识，他们如果有责任感，都是在如何解决人民的住房问题，亦即是在那块地何时可兴建若干住房、若干平方米办公大楼，是一个数量的问题；房地产商考虑的问题，是要计划在什么年度兴建什么楼宇，面积多少，便会增进若干利润，是数字的问题。两者皆是数量的问题，而不是素质的问题，更没有考虑中国建筑文化的问题。

"三不管"的建筑文化问题

改革开放后，百废待兴，中央政府需要集中力量解决很多问题：如中央与地方权力分管、经济制度、国际关系、财政、国防、工业农业生产、国家企业转化、教育、基建、土地、税收、社会保障和一百零一种迫切问题，基建（如新公路、发电厂、铁路、水坝等）还未上位，房屋建设只在省领导下推行"商品化"试点着眼。直到现在，住建部（即当

年的"城乡建设环境保护部")不管建筑文化，因它不是国家级的问题，更没有考虑中国特色建筑文化意识。当年有北京市长强调京城色彩、民族风格的要求，可惜外行人管内行事，有心无力，导致现代建筑物楼顶加上亭子，演出了身穿西装头戴瓜皮帽的错误、曲解民族风格的闹剧。地方政府考虑的是经济发展问题，至于住房、办公、医院、学校等建设，只是纳入规划的范畴，是解决若干人口需要什么数量的建筑物的问题。拍卖地皮后，由房地产商去发展。房地产商考虑的是经营和赚钱的问题。富有中国特色的建筑物是一个文化素质的问题，这个问题，便落在建筑师的肩上。

但是，如果有关领导和建筑师及业主，都没有对设计提出富有中国建筑文化的要求，而且并不鼓励这种与商业无关的行为，建筑师当然不会自讨苦吃，反正设计费有限，犯不着花时间去说服业主或和他辩论，这并不是他的责任。

改革开放后香港对广东的贡献

改革开放初期，我和一位建筑师，一位市区规划教授，被深圳市政府邀请，对他们的发展蓝图提供意见。当时正是20世纪80年代初，深圳正在修建一些东至西、南至北的主干马路，多见尘土飞扬，建成的楼宇不多。我们尽了协助深圳特区现代化的责任，提供了一些规划和保留保护古农村、古小镇街道的意见。大约同时期，香港有些热心人士到深圳特区政府，解释房地产的运作原则，其中一个步骤就是拍卖国有地皮和集资方式，可能这是中国房地产的开始时期。大概也是在20世纪80年代初，香港人在内地最早的投资，多是酒店。由地方政府负责划出地皮，香港商人负责建造，经营若干年后，整个运作连物业，交还政府。

这是最早的合资形式，因为当时国内，私人，当然没有资本，地方政府也没有，只能以地作为投资本钱。后来，香港工业北移，开拓了在内地建造工厂的产业。住房房地产，是较后发展出来的。这个时期的建筑多是由香港建筑师设计，不用说，是没有什么中国建筑文化内涵，有之，亦是附在建筑上的装饰品而已。

物换星移，到90年代初，大陆房地产业，如雨后春笋，在大城小镇，甚至乡村也蓬勃起来。到新世纪初，房地产项目亦庞大起来。至目前，刚是走过第三次过热。房地产业目前在大陆的发展，比起香港，不只迅速，而且规模越来越大。主要是经济稳定，可发展地广，需要住房的户口众多，而需求剧增，投机房地产市场便相应蓬勃，大有一发难收之势。后来，在广东省各地区，导致出现大量"烂尾楼"和银行"坏账"的问题。这个时期的胡乱建筑和违章建筑甚多，既无中国建筑文化内涵，亦没有洋风格的追求。

房地产商的目的是赚钱

时移势易，由20世纪90年代末到现在，房地产活动变本加厉，规模加大和规格提高。作为房地产发展商或集团，它们的唯一存在目的便是赚钱。它们对文化是没有责任的。它们的责任是以最低成本，最短时间，完成项目；并以最高价格，最快时间卖出，得到最高的利润，它们的目的便完成，接着便是下一个项目，供求相当平衡，没有考虑风格的问题。

后来在供过于求的时期，在市场竞争的情况下，价格差不多的房地产，怎样才能以最快时间卖出呢？这便要靠市场知识。市场知识中最重要的便是找到买家的"口味"，一般人喜爱的潮流。如渐渐流行的"洋复古"形式，房地产商便供应洋复古形式的房子，再加以广告宣传为什么欧陆风格，配以蓝天白云、绿林碧水，广告人物还用貌美年轻、穿着时髦的洋男女模特儿，等等，洋洋大观的手法，尽投买家所好。至于什么才是洋复古形式？买家亦没有认真研究，只是认为与某某大厦的设计差不多。建筑师或洋建筑师也可能不是欧洲复古风格专家。据我所知，近四五十年来，大学建筑系设计或建筑史课程中已没有教导18、19世纪欧美复古派建筑资料。在大陆我见过的所谓欧洲复古派的建筑，都是东拼西凑非驴非马的"杂碎"。

成功的古城市复古文化延续

以我个人的经验看，能够称得上有美感、赏心悦目的复古派，可以在维也纳、布达佩斯、布拉格三个城市体验到，它们的共同点是：建于19世纪的城市，因人口增加，脱离了三四层的古典派房子，建成为七八层高的公寓或商业楼宇。那个时期古典派已走到尽头，现代派还没有诞生，汽车还未有流行，马车仍然大派用场，但如果继续追随巴洛克或洛可可风格，中产阶级在经济能力上会负担不起。当欧美工业国家忙于发展工业，东欧才开始它们理性的复古，而兼有感性的、轻量的、适可而止的、恰到好处的巴洛克装饰。时至今日，漫游在这三个城市里，仍然可以感受到那秩序井然，慢条斯理的小城风光，更没有什么市区重建，到处拆楼，沙尘滚滚，打桩噪音，日新月异，瞬刻即变，转眼即逝的现代都市"繁华"。可能在再往东的东欧国家城市也有这种复古派建筑，起码从相片看是这种类的复古风格，好像永恒不变的安逸市容和比较安定的市民生活。

无可否认，这三个城市当时的房地产商，除了要赚钱外，我觉得他们也注意到文化协调的责任，对城市文化生命的延续，和对市民喜好的尊敬。当时这三个城市的文化，如文学、音乐、新兴起的心理学，比伦敦和巴黎还要发达，房地产商和有关的地方官员对城市的历史文化爱护，对市民的品味尊敬，是理所当然了。但这现象亦反映到房地产商也有一定的教育素质、文化水平和真正爱护他们自己的城市；并要根源于自己对固有的传统建筑文化的认识和信念，才能持续发展新城市的建筑风格。从对建筑物的爱护，你可以看到市民与他们所居住城市的和谐融洽，我相信这三个城市的历代市长和有关官员，对城市的发展方向，一定有牵头的作用。

香港和内地房地产商对他们投资的城市有没有爱心

反观香港和内地的房地产商，除了赚钱、扩张业务，维护他们的上市公司股票不断升值外，他们是否对自己的城市、对他们所投资的城市有爱护心？或引以为荣？对旧建筑或旧市区的重建，受影响的民生有没有表示关怀？且由关怀作出行动？对专业或社会舆论有没有尊重过？对建筑文化发展有否关心过？他们的一生中，有没有考虑过这些问题？不用说，大家也知道答案了。

以香港为例，绝大部分香港房地产商只顾赚钱，不少有关的地方官员也只将城市发展当作一个谋生的职业，结果便形成了现有的香港：市区内，甚至很多小区内，越来越密封，自然通风越来越弱；维多利亚港因历年填海（近十多年变本加厉，最重要目的是增加城市地皮拍卖），令海港面积越来越窄小；旧街道（近年甚至扩大到整个旧工业区）重建政策，住宅区比重建旧工业区更容易赚钱，所以政府与房地产商在这二十多年来忙个不停，推倒重建到处皆是，令香港固有的传统生活方式、地方色彩逐区消失；破坏性最强的是因拆迁而把自力更生的小店户、手工业行业赶尽杀绝；整个城市规划仍然沿用20世纪八九十年代的"大都会计划"，把香港城市发展围于当年的政治边界面积（"大都会计划"之填海计划开路），而不理会、不愿意或假装看不到香港可发展的经济边界和文化边界面积的潜力。2007年8月有智者倡，香港与深圳先由交通、物流、人流、口岸接轨，然后导致经济合并发展。这种想法与拙作《香港城市建设的炫耀与贫乏》相若（参看《建筑百家评论集》，中国建筑工业出版社，2000年）。

房地产发展成为香港最强大的经济支柱，除了形成经济体系发展不平衡、不健全外，房地产商更只顾推销能畅销的房地产产品，那就是一些似驴非马的洋建筑物，有意无意地助长了香港人盲目崇洋媚外之风气。改革开放早年香港房地产商和他旗下的建筑师也把这些三不像的洋建筑设计带回内地，成为崇洋媚外因素之一。

2.13 传媒缺乏西洋文化知识和中国文化责任意识

从电视台到报纸、杂志，香港的一般传媒，比较注重本地新闻和轻松娱乐节目。可能是殖民地政策，多年来使港人观众不要求增加国际新闻、国际文化等节目。

观众的品味问题

我这个题目可能已得罪了某些个别传媒，希望他们原谅我的直言。我这个题目是基于香港报纸、杂志、电台，以至电视台，一般记者或作家对西洋文化不够认识，对中国文化有认识的也不够深入而且多缺乏责任感。可能由于他们的老板，一般比较注重报导本地政治和社会的动态，其次便是经济。所谓经济，在香港而言，自1997年以来，百分之九十是属房地产资料，大约是在几年前（约在2005年）开始，才渐渐加多了国际金融讯息。最受一般市民欢迎的是娱乐版，明星、歌星的活动，尤其是他们的私生活。对一般大众报纸杂志读者而言，他们亦不会要求传媒对西洋文化作有分量的报道及评述。有之，亦以旅游、猎奇、搜秘主题，作为茶余饭后的轻松读物。对广大市民来说，西洋文化，包括建筑文化，与他们的日常生活，扯不上什么关系。传媒亦因这个理由，而不加以注意或作够深入探讨。

有极少部分香港报纸有文化副刊，文化副刊专栏作家多写有关文学和绘画方面的文章，其次是各朝各代名人逸事。有关文章多使读者阅后感觉轻松、悠闲，既具资料性，又可解闷、减压。虽然有文化报道，但缺乏文化方向，因一般报人，没有文化使命感。文化版中很少有关"建筑文化"专栏，或专访建筑文化人的作家。有之，亦找不到有资格评论建筑文化的人。

一般传媒没有建筑文化使命

很多年前，有电视台为了某新区建成，专访我。在盛夏时，我带领记者前往该区，花了约一个半小时的时间，指出该区的人流与车流的问题：人流马上会产生问题，由众人皆知的旧市区，步行至众人不熟识的新区，缺乏方便和安全的人行道，最方便的方法便是乘车进新区；但车流又有出租车、小巴、旅游客车、货车和垃圾车混乱进出该区等问题；车流更有部分流量，不是以该区为目的地，但被迫必须经过该区，造成莫须有的挤迫；最大问题是该新区没有足够的停车场，缺乏绿化憩息悠闲园地等等。带着专访记者和拍摄人员，东奔西跑，指手画脚，汗流浃背，声嘶力竭，尽了建筑师的责任，最后换来晚上新闻播出只有约五六秒钟的时间。我不明白，为什么要专访我？然后又封杀我的评论？我猜绝大部分的现场分析，都是批评城市规划署的工作；或因该区五星级新酒店相当多，负面批评对它们的营业不利，电视台可能不敢播，或不愿播，详情我不知道。我只知道那个电视台没有传媒应有的文化责任感。

很多年后的今天，回顾分析当年的情况，电视台最注重的是收视率。事实上，一般电视观众不会对文化评论发生兴趣，很可能会觉得沉闷，除非加入娱乐性，否则会影响收视率。其次，电视台犯不着抨击政府，除非受访问者是有权有势的人，一般有权势人已属新闻人物，肯定会有好收视率。这使我明白为什么很多访问性节目，经常出现没头没尾的收场。

2.14 某些有权势的人缺乏维护古建筑文化的意识和职责

除了绝大部分房地产商对维护古建筑文化，从来不会视之为职责外，某些地方政府官员和有权势的人，也没有这种概念和意识。面对这种在商言商的房地产商，加上这种官员，古建筑文化便碰上厄运。一千几百年来的古建筑，遇到最坏的命运可能是失修、破落；但遇上经济发达，再碰上官商"合作"，便遭连根拔的铲除，毁尸灭迹，从此在地球上消失！

为什么要维护古建文化

为什么我们要维护古建筑文化？让我从其他三种古文化的继承和发扬，试求解答。

[清] 王琦注《李太白全集》（中华书局，全三册，1997年）由编辑部写的"出版说明"中说：

"李白（701—762年）在诗歌创作上的杰出成就，是跟继承和发展了古典文学的优秀传统，吸取了民间文学的营养分不开的。除前面指出他继承了屈原《楚辞》的传统外，他写了大量的乐府诗，大都是继承了汉、魏乐府而赋予新的内容和思想，有了新的创造。他的民歌体的诗，是继承了民间文学自然清新的风格。这些，对我们在新诗的创作上，怎样向民歌和古典诗歌学习，提供了有益的借鉴。"

王伯敏著《中国绘画史》（上海人民美术出版社，1982年）有关东晋画家顾恺之（346—407年）的艺术说：

"在绘画表现上顾恺之继承了传统的方式方法。有些地方，几乎完全沿袭汉画。……在顾恺之的画作中，还有与时代相近的作品，在作风上，仿佛一致。如河南邓县画像砖郭巨画像中之郭妻，山西大周司马金龙墓木板漆画妇女像，以及敦煌莫高窟285窟西魏壁画供养像，在艺术造型上，都与《女史箴图卷》中的妇女，有着共同的特点。……了解这个现象，对于研究这个时期各地方的文化交流、艺术融合的问题，有一定的参考作用。

"顾恺之为一代宗匠，他的绘画，对当时及后世的影响极大。南朝宋时陆探微即师其画法。此后如张僧繇、孙尚子、田僧亮、张子华、杨契丹、郑法士、董伯仁、展子虔、以致唐代的阎立本、吴道子、周昉等，无不摹写顾恺之的画迹，受到他的影响。"

白鹤著《欧阳询楷书艺术》(上海书店出版社，2000年)的第一章说："欧阳询(557—641年)是唐代杰出的书法家、书法教育家和大学者。"

"隋朝虽然只有近四十年的历史，在书法史上却完成了南北融合的使命，并成为唐代书法的桥梁。到了唐代一方面继承前人的辉煌成就、完成楷书的真正定型的同时，又将这一艺术推向流派纷呈的时代，尤以严谨多样的楷法(广义)为其典型。这一领域的开拓者和确立者，无疑当推'初唐四家'(欧阳询、虞世南、褚遂良、薛稷)了。其中楷法最精、用笔最为劲险雄强者，莫过于欧阳询。自创新意，风格显明，世称'欧体'。"

从以上三种艺术和艺术家(诗人李白，画家顾恺之和书法家欧阳询)的简略介绍和评述中，其最重要的三大共通点是：

一是继承传统、前人

二是发展自己风格

三是影响后人

这三点也是中国文化能够持续发展五千年的最重要因素，其中首要的是能继承传统、前人的成就。要继承前人诗词、绘画、书法传统，便必须要保全前人在这方面成就的文物，才能把这些文物给后人观摩、研究，使后人能够发展和创新，使每一个诗人、画家、书法家、每一个朝代能有独特的风格，然后影响后世。

维护古建筑也是如保全古文学、古画、古书法一样道理，让后代可以继承传统，发展自我和当代的风格，然后世代相传，让后代创新，而每一代的创新，有所根据。

前无古人

不幸，这个道理，在维护古建筑的情况下，完全不一样。因为建筑

176

物是建于地皮上的，地皮上的建筑物拆毁了，地皮仍在，这个地皮值多少钱？是要看在该地皮的地点和在该地皮上新建的建筑物所值若干。一般人见了金钱，便不管什么古建筑维护，全部摧毁重建！除非当地有权势的人能加以制止。

天灾人祸是古建筑、古墓、古环境的克星杀手，尤其是受外族或列强的欺负，如八国联军火烧圆明园，是国家的大灾难、大耻辱；而在太平盛世，大国崛起的时候，居然也会无时无刻会受到自我毁灭的命运。史书将会记载，最近几十年是中国有史以来，自我摧毁古建筑、古环境的力度、深度、宽度和量度最大的时期。这种情况如果不能制止，古建筑将会继续不停地遭到破坏、毁灭。

在这无可奈何的情况下，让我敬录李白《宴桃李园序》首两句，送给某些有权势的人，望他们终有一天会自悟、自律：

夫天地者，万物之逆旅；

光阴者，百代之过客。

无论你们的权势怎么大，你们不过是过客而已，在这短暂的过客时间里，为什么不能好自为之，让万物（包括古物）生存在这个地球上！让你们的子孙，及他们的子子孙孙，也可以享受？

2.15 一般老百姓只想要现代化家庭设备

改革开放初期，我向北京的建筑师朋友们，表示对胡同和四合院的仰慕。一位老北京说，现在的四合院多是住上五六户，人数过多，连院子也分割分据用上了，没有什么私人空间可言，没有浴室，厨房空间少，或甚至轮流使用，而且没有抽水马桶等设备，很不方便。我才恍然大悟，为什么住四合院的喜欢搬到公寓大厦，完全是为了私人空间和现代设备。

老百姓对居住条件要求什么

四合院是中国优秀传统的住宅，我最陶醉的，是那个充满反映大自然四季时令，而又有采光通风功能的院子。香港沦陷时期我家逃回老家新会，住在父亲建的"三眼灶"，以青砖为结构墙，木梁土瓦为屋顶，两边为睡房中夹一厅，其一睡房前的空间为入口，入口门厅后便是天井，井后便是厨房，设有三灶，并有窄小楼梯上天台，厨房的位置是在第二间睡房前的空间，与门厅对称，这便是"三眼灶"民居房屋。比起四合院，三眼灶非常简陋，但在我的回忆中，却是非常舒适与亲切，母亲说："关上大门，便是一家人。"微风细雨时，雨水落在天井下的阶池，我常坐在厅内观雨。狂风大雨时，立即跑上天台，以木板盖上天井，因天井以下四边没有门窗。

居住在北京的四合院，原本是一家人住的。我在1974年赴北京观光时，北京四合院却住上四至六户人家，除了不方便外，还容易发生摩擦。加上没有下水道，轮候茅厕，甚至自家盖了厨房，整个四合院空间显得挤迫、不友善。住在新中国成立后建的六七层楼的公寓，楼龄多超过30年，没有电动升降机，整座大厦由门窗至内外墙，都已日久失修。

居住在这种四合院或这种公寓的老百姓，如果有能力有机会搬迁，当然是选择一所"关上大门，便是一家人"，有隐私性的住所，天然通风采光好，有现代化、卫生设备的浴室、厕所和厨房，暖气和热水供应，门窗防风、防雨、防盗。据我所知，这些居住条件，便是一般香港市民的选择新居住所的期望，也应该是内地一般老百姓的要求。

老百姓不会崇洋

老百姓并不会要求什么欧陆风格、威尼斯水乡情调，更不会选择仿欧洲任何时代的古建筑。他们的要求都是非常实际的、实用的，是针对他们现时住所的没有隐私性，没有现代设施，不卫生等。

这些仿欧古建筑风格、情调噱头，我认为只是房地产商的一厢情愿，也是和崇洋媚外心态有关。那么，为什么房地产商会有这种心态的倾向呢？这要看下一节，最初欧美建筑师如何走进大陆的情况。

2.16 西方经济衰退中国经济抬头的多层意义

从美国的金融海啸、西方经济放缓、到中国如何跻身世界经济舞台首位，我们对自己国家经济强盛应该抱什么态度？如何看待中国在世界的经济地位？我仍相信中国两位最高领导人在2008年先后三次强调："中国依然是一个发展中国家。"

回顾30年前的经济发展起步

在20世纪80年代初，中国亟须发展旅游业，首要是兴建酒店，资本有限的条件下，便只能维修和装饰旧酒店。当时很多香港建筑师北上内地，参加酒店室内外重新粉饰、换上新的设计工作。最主要的工作是把久已失修的酒店重新维修、包装和粉饰，包括铝质门窗，空调和照明设施，更新浴室和卫生间，门厅、餐厅、咖啡茶座等装饰，这是香港建筑师当时的贡献。在这个时期，亦有港人投资兴建新酒店，由香港建筑师设计，后来与内地设计院合作。总括来说，中国改革开放后，对什么都要求现代化，香港建筑师便能驾轻就熟地完成这个历史性任务。

20世纪80年代末期西方经济衰退，恰巧在这个时期，中国济经从抬头到蓬勃，开始在各沿海都市举行建筑设计、甚至都市市中心、市政府大楼设计比赛，邀请西方著名建筑师参加。而这些原本是很难邀请的明星建筑师，因在他们的国内没有足够的项目，便欣然接受。

90年代中国经济继续蓬勃，西方经济继续衰退。国内各大城市，如深圳、上海、南京、北京等，开始邀请西方著名建筑师来华参加建筑设计比赛。我当时也被邀作过几次国际建筑设计比赛评审员，对内情略知一二。参加比赛的报酬、待遇等条件，比世界建筑师协会所定的低得多，但却比国内设计费高得多。我很相信，如果在西方经济蓬勃时期，这些建筑师不会参加的。当然，所有这些比赛，香港和内地的建筑师也有被邀请。但在设计上的新颖性、科技性、创新性、时代感、潮流感、悦目感等表现，略低于洋人；在绘图技巧、造模型的技术和对整个比赛的战略性投资上，远逊洋建筑师。

10年来城市建筑发展最大特点

不可忘记，地方政府，甚至中央政府，同意邀请洋建筑师来参加，其本意就是想聘请洋人设计，如果有中国建筑师参加比赛，看起来比较公平、公开，没那么崇洋。加上中国经济蓬勃，洋建筑师也就不能不来华参加。

北京的国家大剧院、中央电视台大楼、奥运鸟巢、水立方游泳中心等建筑物，不但宣布了政府公开接受洋建筑师，而且是委以大型造价昂贵国家级重要项目。某西方报选今年世界10大建筑物，北京占了3

个，还没有算北京为2008奥运新建全球最大、最新、最高科技、造价最昂贵的机场3号候机楼。这种报道可能另有居心，中国多年来一个都不占，又如何？现在光是北京已占3个，又如何？反正，时势亦造就了洋建筑师们在中国干一番事业的机会。洋建筑在神州大地，大显神通，全国人民透过媒体，朝夕目睹耳闻，注视奥运鸟巢、水立方，也就是崇洋媚外的主要原因之一。项目如摩天楼大厦、歌剧院，以上解释过，我是没有反对的理由。这只是技不如人，而不是艺不如人；只是文明不如人，绝不是文化不如人。

有时候，稍微低姿态一点，把这个庞然巨物机场3号候机楼（比香港的大60%）分为两个像香港赤腊角般大的机场，不但预算了未来增加流量，而且肯定比较容易达标、分流、反恐保安、维修（起码没有全球最大面积的屋顶）；或索性分出一个在不同地点兴建，可以舒缓、分散基建量的集中，也是反恐保安战略之一。但失去了世界之最大、最长、最贵等荣誉的机会。

中国崛起的慎释

2008年3月香港《镜报》刊登，作者韦章尧以《"中国崛起"引发的争鸣波澜》为题的文章，认为国际称"中国崛起"不足为奇，但中国人自己使用"中国崛起"则应慎重。他解释：

"由于事关对中国改革三十年成就的客观评估，争论格外引人思索，耐人寻味。……总理温家宝多次所言：中国是一个拥有十三亿人口的大国，无论创造出多大数量的财力和物力，只要除以十三亿人口，那都是一个相当低的人均水平，难以与世界主要发达国家相比。唯其如此，从十七大召开以来的三个多月时间里，胡锦涛、温家宝已先后三次在不同场合强调'中国改革开放取得了举世瞩目的成就，但我国仍然带有社会主义初级阶段的明显特征，中国依然是一个发展中国家'，'各级领导要谦虚谨慎，要有忧患意识，要克服盲目乐观情绪，扎扎实实做好各方面的工作'。北京一些专家学者也一再强调，不要一听到国际上有人在讲'中国崛起'就什么都不打问号，'中国崛起'毕竟是一个被高估的命题。中国只有再作四五十年的不懈努力，始终如一努力做好兴国大事，'中国崛起'才有可能真正到来。"

2008年6月26日香港《明报》的国际要闻版头条：

"中国超法（国）赶英（国）百万富翁大增，尽管次按风暴令不少投资者损手损脚，但投资大行美林证券与欧洲最大咨询机构法国凯捷公司（Capgemini）发表的年度'全球财富报告'指出，去年全球百万富翁增加6%至1010万人。报告指出，受惠新兴市场发展，印度、中国及巴西富翁增加最多，中国百万富翁人数已超法国，进占全球第五大，直逼英国。"（百万是指一百万美元）

该报道图文并茂，有三帧彩照：

图一为2006年在中国举行世界顶级生活体验会上，展示一名半裸模特儿，介绍价逾30万港元的黄金浴缸。

图二展示一时髦的女洋模特儿欣赏橱窗展品，标题为"调查报告指出亚洲富豪爱购奢侈品，专门针对全球贵客的奢侈品展览也愈来愈多"。

图三为一驾新型跑车，标题为"跑车向是富豪宠儿。图为2006年（在中国）世界顶级生活体验会上展出的荷兰王室专用跑车"。

中国经济崛起中的特权集团

2008年1月1日广东省《同舟共进》月刊，第一期，刘山鹰以"特殊利益集团'特'在哪里"为题，写出了某些富人如何致富：

"中国的改革开放发展到今天，取得了巨大的成绩，也面临着艰难的问题。其中许许多多问题，似乎都在归结为权力的分配，归结为存在一个特殊的利益集团。

"应该承认，改革没有在所有方面带来福利。没有分享到改革成果的人，他们发愁的事情在不断增多，焦虑感越来越强烈，失落感、掉队感、被剥夺感越来越深。对一些年轻人来说，生活中的诗情画意少了，整天为这为那疲于奔波；

而对更多的人来说，劳碌似乎就是他们的使命，能被剥夺反而成了他们的运气，取悦那一小部分人成为他们生存和升迁的途径。巧立名目、巧取豪夺、冷漠、耍横、蛮不讲理、钳民口舌，是那一小部分人获取暴利的方法。

"这一小部分人就是特殊利益集团，也可以称之为权力资本集团、官僚资本集团。

"这个特殊利益集团'特'在何处呢？（以下从简）

"一'特'在权力就是资本。……

"二'特'在他们结成了一个强化的利益联盟。……

"三'特'在他们能以各种似乎合理合法的名义打压敢于反抗他们的人。……

"归根结底，特殊利益集团之所以特殊，根本原因不在资本，也不在不良学者和不良媒体，而在于特殊利益集团的权力不受制约。"

以上第一篇文章《镜报》指出胡锦涛、温家宝两位最高国家领导，已先后三次在不同场合强调"中国依然是一个发展中国家"。为什么美国美林和法国凯捷公司，偏偏要强调报道"中国超法赶英"？难道国际投资公司透过传媒说得多了，会令中国人忘记了温总理说过"无论创造出多大数量的财力和物力，只要除以十三亿人口，那都是一个相当低的人均水平，难以与世界主要发达国家相比"不成？更会使中国国民飘飘欲仙？会令中国富人穷奢极侈地更尽情恣意挥霍，购买黄金浴缸、跑车、独立洋房、高尔夫球场、超高层大厦……？

广东人相信，如果你想某富有人家破产，最有效的方法是告诉该富有人家的不肖子弟，你祖父、父亲家财百万金，百百万金，世世代代，挥之不尽。

我相信亦有人不明白，包括我在内，既然是"发展中国家"，为什么会屡屡聘请世界主要发达国家的建筑师，兴建全球造价最昂贵的建筑物？广东人亦相信，这是新发财、暴发户的补偿心态。

新发财、暴发户有什么心态呢？第一就是要向世人炫耀，亦是像以前一向瞧不起他的人展示，如今我有的是钱，能买得起奢侈品，和你们享有的奢侈品一样，看你们还敢不敢小觑我！其次，是最好能够买一些连瞧不起你的人也没有的奢侈品，反令他们垂涎！

如果是勤劳积蓄，成为富人，我不相信他会用血汗得来的金钱，去买黄金浴缸。有些人连房子也没有，有些却住上一亿元的豪宅，这样的社会，无论如何是一个不和谐的社会，是一个充满矛盾的社会。

比较有意思的是假定一些最低生活条件，以百分比计算法、英、中三国的穷人数字。更有意义的是计算结构性穷人（即贫穷家庭和他们的下一代也不能脱贫）占全国人口的比例。最有意义、更有建设性的，是如何协助穷人脱贫，尤其是摆脱结构性贫穷，更希望国家尽快还富于民。

自我沉迷于中国经济起飞，或陶醉于外国人恭贺的中国崛起，不理会越加严重的贫富悬殊，是很危险的。

2.17　建筑师缺乏文化使命感

在20世纪，香港经济起飞的80年代，晋身为亚洲四小龙之一，曾传有"四师"最吃香、最容易致富的口头语：那就是医师、律师、会计师和建筑师。很多准大学生选科，都受这"四师"影响。选读建筑科的大学生毕业后，多致力谋生、赚钱，以扬名、致富为目的。谁会料到，改革开放后，内地一些第四代的建筑师，对钱的态度，比香港的有过之而无不及。

一般建筑师的生涯

崇洋媚外的原因，中国建筑师难辞其咎；起码，要负上一部分责任。一般建筑师的理想，是能够做到自己开公司，自己做老板。然后希望不亏本，继而有钱赚，能够把公司再扩大一些，赚多一点钱，生活富裕一些，知名度高一些，成为全市、乃至全国，最著名建筑师之一。最高目标就是能打进世界市场，得到国际知名度，赚更多的钱。

很少建筑师以弘扬中华文化为己任，一般对民族意识、国家观念没有深思。有少数甚至认为民族意识、华夏观念、爱国思想、家乡情怀等文化观，太过肤浅和狭窄。21世纪文化潮流是国际化、全球化，盛行学术、文化交流、专业交流；无所谓国界，地球已缩得很小，无需要分彼此。

从另一角度看，在建筑师职业生涯中，更难有机会把中国古建筑文化理论，运用到实践中。首先，在学院的课程和设计习作过程中，很少有讲述或要求。其次，在执业过程里，也没有甲方提出这种要求；有之，亦是古色古香或仿古的项目，如因旅游、娱乐事业所需，并不涉及把古文化重生于现代建筑的一种文化继承意向。

在香港，偶然与建筑师朋友谈及这个问题，大部分认为我不切实际。很大程度上，建筑师忙于糊口，应付业主在职务上的催迫，还要考虑员工薪金支付，付租金，寻找新项目，聘请新员工，忧虑业主会否依照合约及时支付设计费，忧虑一千零一种日新月异的政府申报和审批程序变更！这种种迫切的问题和压力，实在令建筑师疲于奔命，哪有时间和心情去考虑无关痛痒的文化问题呢！

少数业务能够名成利就，或有些赚了远远超过足够退休的钱财，家境或经济环境宽裕，这种建筑师，三五成群组成网球、高尔夫球、旅游、古董、交际舞等形形色色、多姿多彩的活动小圈子，享受生活。他们庆幸不需再为五斗米折腰，庆幸脱离、远离建筑师职业生涯的苦海，更没有研究或寻找枯燥乏味的、吃力不讨好的古建筑文化在现代建筑中的作用，或任何有关建筑文化问题，建筑职业是糊口或致百万、千万、亿万富翁的桥梁而已。比较有进取心的富有建筑师在古董文物方面下功夫，搞展览，著书立说，名利兼收，不亦乐乎！

香港是一个极其商业化、功利化的社会。官方文化活动是由政府直接策划和资助，并受个人、商业团体及赛马会捐助。官方这类文化活动目的是相当简单的，打造香港成为一个世界级的城市，促进旅游业。归根究底，官方文化活动多是由商业理由作主导。官方文化活动的目的，旗帜鲜明，无可厚非。

香港建筑师，在这个迫近眉梢的建筑文化问题上，有几个能够或愿意表达意见？由此可见，这是一个由关心开始的问题，建筑文化并不是一个莫测高深的学术问题。香港建筑师也好，台湾建筑师也好，内地建筑师也好，对建筑只视为一份职业，不算是专业，更不当是事业，建筑业便不会与文化扯上关系。但目前一般建筑师，对建筑文化实在是不关心，或是没有关心的条件。

以我个人的经历和抱负来说，每次接到一个项目，我第一个顾虑是能不能够在不亏本的原则下支持我公司员工的饭碗，保住公司的生存，这是我的职业责任；第二个顾虑是我可不可以成功地完成业主对我的委托，这是我的专业责任；第三是，在可能范围内，我的设计能不能满足使用者的需求（如付租金给业主的客户），我的设计对周边会不会造成负面影响，这是我的社会责任；最后，在可能范围内，我希望能够以中国古建筑文化（无论是形似、神似、层次感、神秘感、方位规律等可见与不可见的形及象）为启发、启示、引导，追求有突破的设计，这是我对民族国家的文化责任。第五个希望是，如果我的文化责任达到后，能够影响他人，甚至他国，令富有中国特色的设计或理论，蜕升为国际性，受到普遍性接纳，由中国化变为全球化，那是我的抱负。

当然，不是每一个项目都能给我执行这五种责任的机会，尤其是文化责任和使富有中国特色的设计或理论获得国际性的影响。但如果建筑师没有这种抱负，就算机会来了他也不会察觉，或察觉到了也不知如何处理。

如今，当面对"文化人散沙"与"文化组织散沙"之现状，西九文化中心一意孤行之时刻，希望有一位较年轻力壮的建筑师，联系各"文化沙粒"，把沙粒造成有力量的文化压力团体，参与西九文化中心事务，这是建筑师的新文化任务。

第三章

如何解脱和解救

一个民族的文化是靠这个民族去继承、维护和发展，以至传给下一代。在历史的长河里，很大部分少不了受各种天灾人祸的破坏，甚至毁灭。剩下来的已是所余无几，更值得我们去保育和珍惜。无论如何，我们这一代没有权利去破坏它，正如上一代和下一代，也没有这种权利，它是属于这个民族所拥有。

3.1 从国民教育开始

顾名思义，国民教育主要意义，是由国家主动、主导教育国民对国家的权利与义务。所以教材是应该由一群教育精英，根据国家的历史文化、当代国情、国家在国际上主观和客观条件厘定，并要因需要而检讨作出适当的调校。

培养爱国思想是教育的重要部分

从个人以至国家，一般问题，无不与教育有关。而教育当以国民教育为要，但性格的培养，则从孩童时便开始了。广东谚语即有"三岁定八十"之说。

我这里的"国民教育"含义是：无论实行什么主义（资本、社会、共产等）的国家，它们都希望人民能够做好的国民，以国家为重、为荣、为傲，对国家有贡献的国民。如果国家领导人有这样的想法，国家便应该有一套教育目的、政策和方法，教育国民达到他们的期望，才能达到有以上的倾向、概念和素质。至于什么才是好国民，则各国，甚至每个人，都会有不同的定义。我个人的定义是很简单：好国民应热爱自己的国家。

爱国最初形成是一种思想、一种情绪，然后是一种行为、一种行动，都是要培养出来的，是后天的环境条件，而不是先天因素。所以对大部分国民来说培养爱国思想是非常重要，这就是爱国教育，是国民教育的重要部分。

国民教育对我来说，可分两种系列：一种是基础性、长期性的；另一种是针对性、短期性的。可以说，前者多是由国家的过去，内在而生；后者多是对国外事物而发。

基础性、长期性的国民教育，就是国家民族的历史：包括天然环境、水文地理、传统至近代的文明与文化（参看本文第一章1.2节），民族性格、气质、风骨等因素。

针对性、短期性的国民教育，是对国际时事、外交情况、世界突变，和对内在危机，如何解释和应付，短期内取得思想上一致性和应对行动的共识；如对外来的压力、入侵（包括文化、经济、军事等），引导国民应抱什么态度、如何应付。

太平盛世时，培育国民对国内、国外事物变动的敏锐触觉，对可能形成内忧、外患的危机感，能尽早反应及化解。

但是，如果要国民接受，并相信这些数据与课题，对他们不但是会增加对国家了解，而且更会使他们和国家都有好处，便先要提高国民素质。培养国民素质可以分开三部分，同时进行：第一部分是从幼儿园至小学毕业，第二部分是由中学至大学，第三部分是成年教育。我这样说，表示现今国民教育已有问题。除了在我自己有限生命旅途中的阅历与观察，大胆假设外，请耐心看看前人的心得。

老一辈学者的信念

现在要介绍两个前人学者梁漱溟和林语堂及其信念，向以"认识老中国，建设新中国"为己任的梁漱溟和他的《中国文化要义》，及以让外国人，尤其是美国人，了解中国为己任的林语堂和他的《吾国与吾民》。但因引用他们的文字较长，所以请读者参阅"附录6"。

对一般年轻人来说，梁漱溟和林语堂两位前辈学者的简单节录论述，先后说明了中国从古至清末，和从民初至全民族奋起抵抗日本武装侵略，中国的国家与民族观念简史，粗略而又精要，大概如上。可能有些读者对林语堂有意见，无论如何，他是当时极少有的学者能以英文写有关中国文化介绍给西方。在这方面，他已尽了那个时代作为中国人的责任。

1949年后，国家和国家观念，大有改善。但自改革开放以来，我国的国家、民族观念，又产生了什么问题呢？

很明显的有三类问题：其一属社会问题，其二是国民素质的问题，其三是国家对国民的责任问题。

三十多年改革开放，计划经济转型为市场经济，在公平和不公平的条件下，造就了一群群新富，以追求物质享受和更多财富为理想，并招摇过市，引以为荣。而失业和退休老干部、教授、党员、工人等人员，面对着生活成本不断提高，各种以前一向享有的福利，陆续失去。某些农民和城市的市民，因某些靠有权势的人用不正当的手法（如以利诱某些官员发出政府公文、低价收购土地或房屋）发展房地产，导致被迫迁居，土地、房屋被强夺。身处于这两种新旧经济、社会秩序交替的情况下，失势失利的人们，感觉彷徨无奈和心里不服气、不平衡。这些有怨无处诉，投诉无门的弱势社群和贫苦大众，尤其是结构性贫穷（即世世代代不能脱贫），数目有增无减，对国家观念，当然会大打折扣。构建一个和谐社会的先决条件之一是富国，而后富民；而富民的最高理想目标是均富，起码要做到铲除结构性贫穷。

我希望在我有生之年，最低限度先从香港做起，消灭贫穷家庭，使饥者有其食，寒者有其衣，孤者有其伴，老者有所养，病者有所医，露宿者有所居，好学者有所学。

我认为过去的近三十年，全国上下大部分人，多着眼生财致富而忽略了国民教育。除了人民要有国家观念外，国民教育最重要的步伐是先要提高国民素质。要提高国民素质，便先要了解国民素质究竟发生了什么问题？我对大陆的认识限于开放早期的中国建筑界，接触的人不是建筑学会著名学者、会员，便是大学教授、老师，可以说，全是知识分子，很少机会接触老百姓，遇上了也只有礼貌上的交谈，不可能有深谈。所以我认为我没有资格谈论国民素质这个问题。

如果梁漱溟和林语堂对中国文化的见解属从前的中国、过去的社会，可能有些年轻读者认为他们的见解对了解现在的国民情况不着边际。现在介绍一本好书它能帮助我，我希望能帮助读者，进一步了解当前的问题。

《国民素质忧思录》（解思忠著，香港三联书店，1998年）的封面，印着"一部震撼国人心灵，引起强烈冲击的考察报告"。解氏的视野是有一个社会学者的微观，和教育家的宏观。他的忧思包括以下八种国人素质上的缺陷：

人格素质、精神素质、道德素质、文化素质、科学素质、健康素质、职业素质、审美素质。

解氏把这八种素质上的缺陷根源归咎于教育模式、方法、制度等。指出：

1）近乎空白的人格教育

2）乏力的精神教育

3）被功利熏染的道德教育

4）偏废的文化教育

5）倾斜的科学教育（如重智力因素，轻非智力因素；重自然科学，轻社会科学；重提高，轻普及）

6）落后的健康教育（心理健康教育非常薄弱，只强调思想政治工作的政治导向、思想导向、行为导向的作用，而无视心理导向的作用）

7）薄弱的职业教育

8）狭隘的审美教育

作者解氏在每一组缺陷下，详细列举两种至四种缺陷例子和挽救方法。最后指出各种缺陷之根源是教育，现仅录他在第十篇结论之首部分给读者参考：

"亲爱的同胞，您，也许和我一样，对我们国民素质的缺陷有着这样那样的忧患与思考：只是不知您想过没有，这种种的缺陷又都根源于什么？

"是种族的原因吗？不是——中华民族的智慧和生存繁衍、适应自然的能力是世人共仰的。

"是文化的原因吗？从某种意义上可以这么说——当一个人呱呱落地来到这个世界上，他就无可选择地受到前人所创造和保留下来的知识、习俗、方法、技能，以及行为方式的熏陶和教化。正如怀特所说：'每个人都降生于先于他而存在的文化环境之中。当他一来到世界，文化就统治了他，随着他的长成，文化赋予他语言、习俗、信仰、工具等。总之，是文化向他提供作为人类一员的行为方式和内容。'但是这种对文化的接受并非是完全被动的，他还要消化、扬弃和创造；又把经过改造、丰富和发展了的文化传授给下一代。无论是接受的过程，还是消化、扬弃和创造的过程，都依赖于教育。因此，国民素质的提高和完善，直接取决于教育。而国民素质的种种缺陷，又都可以直接追溯到教育。这里所说的教育，不仅仅指的是学校教育，还包括了家庭教育和社会教育：不仅仅是指学龄青少年教育，还包括了成人教育：不仅仅指的是耳提面命的有形教育，还包括了潜移默化的无形教育。"

作者解氏的"后记"日期是1996年，距离2008年已有12年，读者可以用自己的观察和经验，去评估一下现今的国民素质有没有进步？无论如何，我认为国民教育是改善国民素质的最基本，而又是最重要的元素。

3.2 保护、维修及使用古建筑、古迹、古环境的意义

用最简单的语言，解释古老东西的存在意义：一个人、一个家的当今存在状况，是由我们祖先过去的思想、行为与事业所积累而来的；一个人、一个家的未来，是靠我们现在的思想、行为与事业所做成。我问一位笃信佛教的朋友，请他以最简短的方法解释佛教的意义，他毫不犹疑用四句说出佛家的三世书：

若问前世事，今生受者是；

若问来世事，今生作者是。

建筑的生命亦然：若问我们有什么古建筑，我们祖先遗传给我们的便是；若问我们的子孙将继承什么建筑，我们遗传给他们的便是。古建筑、古迹、古环境能够至今尚存于世，可能已经过100年至500年，甚至1000年至5000年的天灾人祸，可以说是幸存，但我们的祖先功劳不可忘记。如果我们不保护它，使之能够传给我们100年至500年，甚至1000年至5000年后的后代，而令它毁于我们这一代，我们有何面目对祖先？有何面目对我们的后代？他们将会埋怨我们："如果你们不要它，可以留给我们，为什么要破坏它！因为这不是你们的财产，是祖先遗留给我们的，你们没有这种权利，你们是破坏、毁灭祖辈文化的罪人！"

所以建筑三世书不只是个人的三世，而是一个乡、一个县、一个省、一个市、一个民族、一个国家的三世。

古老的东西，是有关我们过去、现在与未来，一个不可缺乏的环

节。我们的信念，很大程度上，是受老祖宗影响的；我们的黄皮肤、黑头发，是老祖宗遗传给我们的；而我们所继承的一切，很大部分，又须遗传给下一代。单是由于这个继承与传授关系，我们在有生之年，便有责任保护古老的东西，有责任传授给下代。无论是公有或私有的东西，我们这一辈子只能暂时托管，因为我们的生命，也是暂存的。

一个民族的文化是靠这个民族去继承、维护和发展，以至传给下一代。在历史的长河里，很大部分少不了受各种天灾人祸的破坏，甚至毁灭。剩下来的已是所余无几，更值得我们去保育和珍惜。无论如何，我们这一代没有权利去破坏它，正如上一代和下一代，也没有这种权利，它是属于这个民族所拥有。

古文化包括多方面，可分为两大类：一是精神方面，二是物质方面。越能维护古文化，越容易使该民族得到共识和相同价值观，越能维系民族团结，越能使这个民族得到自信、自尊，以至越能够在这个竞争世界上持续发展。

日本保护和维修在奈良和京都的古建筑物，有一套很好和很简单的方法。20世纪60年代，我们公司替一位日本承建商设计他在东京的办公大楼和住屋。这位日本承建商朋友告诉我，在参加对古建筑维修投标时，标书把所有特别石料、木料、金属料及陶瓷料的配件要求两套：一套用于维修，另一套置在贮物仓库。将来如果需要时，立即可以有现货应用，减短维修时间，且不会把该配件的物料、样子、颜色、尺寸等数据弄错，一举两得。

20世纪70年代，我到过北欧几个国家，他们最古的建筑文化只能追溯到10世纪，但已没有实物存在，只能用泥土茅草盖搭给游客参观。在挪威仅存的木结构教堂，是12世纪遗物，据说历代经过多次天灾人祸的破坏，屡次悉心修补，视为国宝。

一部活生生的历史文化教科书

我在20世纪90年代初的一个夏天游爱尔兰共和国一个小镇，走进一间古堡，非常朴实古旧，我和太太看得痴迷，不知不觉走进了一个大堂，只见金字天花板很高，四面石墙，有火炬照明，十来个青年男女，穿戴古代衣冠，有些安排餐桌，有些练习古爱尔兰语对白，和古代舞蹈，有些拨着竖琴，吹着直笛，打着扁鼓，好一幅中世纪油画！（中世纪，Middle Ages或Medieval，一般是指10世纪至14世纪，时间大约有四五百年。）因夏天日长夜短，我们不知已是到了晚饭掌灯时分，正在不知所措，一位戴着尖高帽子，拖着洒地长裙的年轻女子走过来，作一个揖，一脚前，一脚后，微弯腰向前下蹲时略点头，这是欧洲中古时期，贵族妇女对客人或长辈的礼仪招呼。她友善微笑地问：

"你们是否是某某中古文化会的新会员？我可以帮你们什么？"

"我们是游客，不知道已这么晚，又迷失了路，闯了进来，骚扰了你们，真对不起。"

"不要客气，我们都是'爱尔兰中古文化会'会员，每月一次晚会，在这个古堡叙会。"

"你们能够以这个古堡做贵会会址，非常恰当贴切。"

话匣子打开了，她便热心地介绍会址是政府借给该会的，古堡大部分建于15和16世纪，很少部分是建于13~14世纪，因为当时破坏了没有重建或维修，记录也遗失了。每年夏天有几次周日活动，参加者有会员及他们的家人、朋友。当晚是每月一次的晚会，都是年轻人参加，活动包括烹饪、舞蹈、音乐、民乐、民歌、戏剧、朗诵等，全是中古的文化。参加者还要穿上中古时代衣冠，尽量说古爱尔兰盖尔语（Gaelic）。

这样的利用古建筑，对学习自己传统生活文化是多么惬意、多么生活化，简直是一本活生生的历史文化教科书！对年轻人来说不仅是一种健康的社交活动，还可以从生活中学习自己国家的历史文化，增强民族意识，由爱自己的文化至自然悠然地爱国。

租界的形成和建筑物属古建筑之另类，因为它是我国悲痛历史的见证硬件，应该保育下来，问题是如何"育"之和对育的态度，能使它"古建今用"。有兴趣的读者请参阅有关天津意大利租界的例子，见"附录7"。

旅游也可以作小考察实习

从20世纪50年代至90年代，我每年漫游欧洲一次，到过的国家尽量避免外形为现代建筑物的酒店，寻找古老旅店入住：过一二百年的不难找到。有一次我入住法国中部农村一间小旅馆，发现睡房有几根一米深的大梁，询问之下才知道这座小建筑原是乡公所，睡房是会议厅，这些大梁已超过500年。这些古老的旅店很多原来不是旅店，都是一些古堡、官邸、宅第、庄园等古建筑物改建、加建、改善。这种旅店都有一本小册子，介绍建筑物的历史。

在旅游前，我们必阅读一些有关该国家和城市的历史和现况，增加对该国的历史背景和人民认识，使旅游更有意义。

反对香港当局清拆天星码头的含义

2007年在香港发生了一件看似由保护古建筑导致官民相争的不大不小的事件，那就是一群年轻人，为了保护天星码头和皇后码头，相继与纪律部队争执。这事件引来新闻界和学界的各种评论,围绕着码头建筑物设计特点、建筑物历史价值、时代文物代表性、结构特点、和近年来争取保育文物常用的"集体回忆"等论点,各抒己见,各定是非。更有一向拥护政府收购整条或几条街的旧楼宇,然后交由地产商竞技发展的地产商,对年轻人嘲骂,说他们什么垃圾也要护育。

我认为这次年轻人反对拆毁或拆迁码头,是一件非常有意义的事件,和以前的反对不一样。回归十年后,当年8岁至12岁的孩童,而今已是血气方刚18~22岁的青少年。十多年来他们亲身感受或目睹耳闻,所谓市区重建,不外是拆除他们或他们亲友熟识的、喜爱的、从中长大的旧楼宇,或他们父辈所经营的小生意商店,重建一些高档(主要是买价或租金)及楼价高不可攀的大厦。但是,因为拆徒,他们要离开一个惯熟的生活环境,迁入一个陌生的居住环境;父辈更彷徨,因为他们被迫要迁入一个不熟识的营商谋生环境。而这种迁徙,虽然有金钱补偿,但以补偿的金钱肯定买不到同区的店铺,而且搬迁到底不是自愿的,是被迫的。建立于十年,以至几十年的熟识的街坊文化,毁于一旦。左邻右里一同长大的朋友,楼上楼下的叔婶伯母,朝夕相见,碰口碰面,早晚问好,艰辛经营的商店小老板和职员,乃至远近的经年顾客,他们之间的友情友谊,相互照顾,用一句现代语"互动网络",如何能以金钱计算、补偿?所谓毁于一旦,是真个灰飞烟灭,因为街坊文化是文化软件,是由居住在、工作在、出入在这个街坊的人经年累月的生活方式、工作方式、经营方式,自然而然的维系所至,营造而成。它的成形,必须加以人情人事的关怀滋润,假以时日培植。所以拆迁重建,绝对不会是为这群街坊之人而建,因为他们的街坊文化已灰飞烟灭,烟消云散,尘归尘,土归土,街坊之人无家可归,无处可聚矣。文化是不能立竿见影地重建的,立竿见影的,只是财雄势厚的房地产商大财团的投资回报。

这群18~22岁的青年人，有些成为当代愤怒青年。同龄的一辈，有些升上本地大学，有些放洋，有些移民，大部分没有能力、资格、机会升学的便没选择地留在香港。有部分留在香港的年轻人，包括能升学和不能升学的，开始观察香港，留意香港，他们意识到香港的命运就是他们的命运，香港的将来与他们的将来束缚在一起，他们认为社会不平等的事情，似乎是就是对他们不平等，虽然是情绪多于理性。这群愤怒青年可以说，是香港160年以来第一代对香港有自发性的归属感。这种归属感是双向的；就是我属于香港，香港属于我。拆毁天星和皇后码头就是压往他们情绪上的最后一根稻草。

如果只以建筑特色、历史价值去衡量和决定天星和皇后码头的去留，或以这些理据与这群年轻人争论，根本不明白他们的抱负和愤怒，他们可能亦没有理智言语说出他们心里的感受。无论政府当局、文物专家、大财团房地产商、社会学家、心理学家如何解释和批评这群年轻人的心态与行为，都是次要，我个人认他们是第一代完全摆脱殖民地影子的年轻人，第一代真正自育、自发而自觉骄傲有香港归属感的香港人。

有了归属感，才产生维护古建筑、古文物的情感、维护他们的童年回忆，便很自然地由个人切身的问题，升华到与他们所生活着的地缘和他们的下一代，我认为这种行动是由文化意识推动行为，而不只是什么学术性的问题了。

3.3 传媒、学者需多介绍中西文化与历史的比较

传媒在西方的社会、文化已有多元化的变化，由报道式变为揭发

式、建议式以至成为著名的作家。改革开放后30年，中国传媒的传统角色也起了很大的变化。但到目前为止，中国传媒对中西文化比较仍然是少见。

传媒角色变化很大

在西方，新闻工作者，即以新闻为职业者，始自17世纪。到狄更斯时代，新闻业已相当普遍，还加上专栏作家、小说家、漫画家、插图家、和影响后世消费率极为深远的广告业。

第二次世界大战结束后，战地实录记者、战地摄影记者，最为流行和吃香，其中主因是由第二次世界大战影响，直至今天。但传媒的角色已有多元化，由记者变为专栏作家，再由专栏作家转为学者，或由学者变为专栏作家，是常见的事。他们有一个共通点和相同目的，那就是协助社会、文化、人类的进展；揭发腐败的政治、财经运作；宣扬本土文化介绍外来文化。近30年来更以挽救濒危绝种的动植物及拯救地球为己任。新闻工作者和学者，在以上这些大前提下，是相通的。

中国传媒的新任务

改革开放以来，国家发展重点放在科技、科学，这是正确的方向。30年后的今天，应该注重科技与文化，物质与精神的平衡。新闻工作者和学者透过传媒应该负起这个责任。

建筑设计、城乡建设、环境保护这三种文明、文化活动，动用钱财、人力、时间，可以天文数字计。应付和推行这些活动有如战争，战略和战术应以在战争前夕之备战心态处理，不应该低估任何一举一动的影响和效应，因为以上三种活动都是长期战役。我国这三种活动加起来，并驾齐驱，是一场人类史无前例的建设长期大战。这种感人的场面下，不能不想起古训，西方学者推崇的、翻译为多国文字的、美国外交部官员必读的、全球经商人士必读的，中国人上至学者，下至小孩，传为民谣的《孙子兵法》。试看其中家喻户晓的一节：

> "知彼知己，百战不殆；不知彼而知己，一胜一负；不知彼，不知己，每战必殆。"

我们以第一句"知彼知己"的首二字"知彼"，是先认识和了解对方，其次才认识和了解自己，了解对方而又了解自己，无往而不利；往下一句，再先回到对方，如果不了解对方，而只了解自己，极其量是一次成功，一次失败；最后再往下，第三次又再先回到对方，如果不了解对方，也不了解自己，那就每战必败。究竟上至国家领导，下至老百姓，有几许人认识和了解西方历史、文化？游历过西方多少国家？明白和洞悉西方那些国家国情？是否了解目前西方这三种文明、文化活动（建筑设计、城乡建设、环境保护）目标是搞什么？是西方政府还是私人、集团的行为？

有多少领导阶层读过听过西方学者怎样评价西方自己的建筑文化呢？由于社会结构、阶级观念、消费制度、人均收入等因素各国不同，有多少领导明白某些西方国家现代建筑设计趋向以高科技、新物料、新颜色、标奇立异和引人注目的造型，作为商业广告行为为首要目的，以收声誉形象效益？

西方经济自20世纪80年代开始衰退，英国在香港以造价当时全球最高，兴建汇丰银行。当年香港新华社副社长李储文先生，问其意义何在。在座几位建筑师各抒己见，我说英国将来会以高科技建筑设计为主要出口业之一。现在这位平民建筑师（福斯特），已跃升为爵士，再晋升为公爵了！其他西方建筑师，在亚洲及中东的发展中国家中，也很吃香，门庭若市。发展中国家只要上一课《孙子兵法》，便可以心安理得地走自己的路，因为建筑设计、城乡建设（尤其是乡）、环境保护，长路漫漫也。

3.4 CCTV11和CCTV4的启示

"一阵风，留下了千古绝唱——马连良往事

父辈似乎都爱看戏。在这个戏爱好上，分辨不出国民党官员、共产党干部和民主人士政治身份的差异来。难怪从前的艺人地位虽低下，心理上却是自傲的，甭管哪朝哪代，你们都得听戏。"

以上是抄录章诒和著《伶人往事》一书中记"马连良往事"首段第一句（《伶人往事——写给不看戏的人看》湖南文艺出版社，2006年）。

CCTV4百家讲坛的标题：

汇集百家学养　追慕大师风范

和平开放的胸襟　迈向大众的桥梁

凡是喜爱听戏曲的人，都喜欢看CCTV11的节目。这里有几十年以来录像的和当今现场播送的昆、京戏曲等全国各地的地方戏曲、梆子；还有学者讲座介绍有关中国的戏曲知识，如《跟我唱》师徒示范，也有职业和票友现场表演和比赛、某戏曲学院成立若干周年纪念、师徒嘉宾表演晚会等多姿多彩、层出不穷的学术性、艺术性和娱乐性的节目，最使我感动的是小孩子的专业水平，不用说是经过成年人的心血栽培和小孩子们的热衷才有这样的成就。

CCTV11的出现使喜爱戏曲的观众如获至宝。众多节目中，有60年代北京第一京剧团的马连良、张君秋、裘盛戎、袁世海等精彩演出。我还记得1963年（或是1964年）《南华早报》要我以英文写介绍文章数篇，给外国观众一些观京剧入门知识，据编辑说，因为当时他找不到人。我硬着头皮答应，执起笔来才觉得一出京剧，牵涉浩如烟海的中国文化。如《赵氏孤儿》，时代是春秋时期，为了拯救忠良赵盾遭满门抄斩留一后裔——孤儿，希望他长大成人后，为父母、为除奸人、为为了他而牺牲的忠良好人复仇。为此，有忠良肯牺牲自己老命，另一位忠良献出自己的婴儿代死，以救被追杀的忠良唯一后裔——孤儿程婴（马连良饰）。我当时和新华社香港分社一位副社长李储文先生相聚多次，向他请教译英文诸问题，后来只有"身段"一词难倒我们，两人都不知如何译好，后来要用几句英文才能解决，但仍不能尽其意，我们的解释是由于文化背景有异的原因。

寻遍荷马和莎士比亚的剧目，也没有如《赵氏孤儿》的凄厉凛冽感人的剧力或剧情。最难解释的是为忠良、为除暴而牺牲的舍己精神和文化。中国经典戏曲很多是表现不怕权势、维护正义精神，所以包公的故事很受观众欢迎，这些都是富有中国特色的古典文化，对我们现代人很有教育意义。

CCTV11其中一个非常有意义的节目就是儿童粉墨登场表演，从表演的高水平看，便知道肯定有儿童训练班。这反映有两个意义：一是有天赋的儿童，可以有机会自幼多一个选择，参加培训班，可望将来成才；另一个更深刻的意义是国民自幼有机会受传统艺术、传统文化熏陶。其他同代没有这种天分的也因耳濡目染，自幼便认识和吸收古典文化，长大便知道什么是中国文化特色。

由CCTV11的启发，在有能力范围内，中央电视台或地方电视台，可以组织一个专门介绍视觉艺术的节目：如中外传统及现代壁画、油画、水墨画、书法、雕塑等；平面设计：如海报、广告、商标、信纸、名片、漫画、活动画、布料设计等；工商业设计：如时装设计、家具设计、首饰设计、照相机、电话、自行车、摩托车、汽车、火车、飞机、船艇等；建筑设计：如别墅式住房、低层公寓、高层商住大厦、娱乐场所、园林、景观、商业市区中心等。

视觉艺术范围很广，经年累月地有系统播放，可以增加国民对艺术和设计的兴趣和知识，加入中外建筑文化比较，慢慢便可以增进国民对中西文化知识，提高国民的品位。我们可以称这个新设的电视台为CCTV11，或公开命名比赛，全国，甚至全世界人士都可以参加。

CCTV4节目类型很多，其中《百家讲坛》最吸引我。这个节目邀请全国专家，包括台湾，讲中国对国家民族有影响的历史人物和著作，这个讲坛的作用就是以上提要中所提示的：

"汇集百家学养，追慕大师风范；和平开放的胸襟，迈向大众的桥梁。"

讲题包括各朝代皇帝、诗词人、作者、名著，等等，还有文物介绍及收藏心得。不但对中国古文化了解有所帮助，而且还介绍外国著名历史人物、文化古迹。

介绍中外建筑师比较少，我认为国内外的传媒访问文化，都是偏向注重成名的人士，因为他们不但对成功之道长篇大论、容易交谈、访问主持人容易交差，而且有明星效应容易吸引观众听众。我希望访问国内建筑师不单限于上了年纪而有成就的，应该包括有抱负的中年和充满希望的年轻建筑师，甚至一些拔尖的学生。上了年纪有了名气、有成就的建筑师，他们多谈过去的辉煌成就，对现况相当满足，对一些不合理的事情多采取包涵态度，他们的憧憬是美好的夕阳世界。年纪较轻的建筑师，尚未成名，正在挣扎，充满希望，等候机会，期待展示才能，满肚子理论和牢骚，他们的世界是在明天。如果能对老中青同台访问，更有助推广被访者的论题范围及视野，必定擦出火花。这种访问近乎座谈会，能够使受访者因受挑战而用脑，因为已不是一言堂，听众得到对建筑、城规、环境各种看法，包括对现况的时弊和改善建议。我认为这样的讨论比访问一位有成就的建筑师较有意义，对参与者、大众和社会更有益处，更可对年轻人有所启示和启发。

最近有人抨击《百家讲坛》，有些讲者滥竽充数，把中国文化贬低，大意是有些讲者不够水平。我也觉得的确有些讲者，流于通俗化，不够学术专严，几乎把中国文化降格。但是，这种由电视媒体向广大群众传播学术性的话题，与课堂里授课的形式有所不同。主要要求是讲者不要对讲题误解或误导观众。讲者的责任是相当艰巨的，因为观众是老百姓，文化水平不一，而在电视传媒上讲述文化必需要考虑到大众化和普及化，所以节目开始时字幕有：

"迈向大众的桥梁"

你可以不同意于丹对《论语》的心得，但正因为她的浅释化和通俗化，甚至现代化，使很多"古籍文盲"的读者对《论语》产生兴趣，尤其是海外华人。文化工作者各有各的心得，方法各异，主要是负起对文化的责任。

CCTV11和CCTV4的节目对国民和海外华人来说，是长期性文化维他命、文化滋养剂、民族性自信强心针。国内电视文化从20世纪70年代才开始，比起香港迟了20年，现在已突飞猛进，可惜，香港仍然停滞在以娱乐性为主的阶段上！

3.5 多邀请有才华的外国学者、专家来华讲学和共搞设计

在北京奥运会的闭幕礼中，英国首相被问及他对这次奥运会感想如何？他说：京奥非常成功，我们学习了很多东西。问他最成功是什么？他说：是紧凑的组织能力，运动员宿舍水平很高，招待工作一流。但在2012伦敦奥运会，不会有京奥开幕闭幕的震撼场面，但会有我们自己的表演艺术文化。听说在另一次访问中，首相或英方有关官员建议，中方同意：中方教导英方运动员乒乓球、跳水；英方教导中方运动员马术、帆船（yachting）。

未来三年中，当互相学懂熟练了、增强自己的弱项后，不但增进两国友谊，起码中方对马术和帆船已消除神秘感，或崇拜感。

由CCTC4和CCTV11的启发，电视台对观众有很大的感染力。

我建议邀请本国建筑师在电视台上担任访问外来学者，介绍他们的设计和设计理念，对他们自己的文化如何评价，尤其是对中国文化的意见。为什么我用学者而不用建筑师？一般建筑师，尤其是国际名牌、明星级建筑师，他们的视野多留恋在名气和财气上，对文化少有研究，或没有兴趣，他们绝对不是我们的邀请的对象，他们已做了名牌手表、汽车、游艇等广告代言人而收费不少，他们有他们的名利天地。我们需要的是有跨文化知识和气度的学者，但我们不能祈望每次请到李约瑟级的讲者，但有李约瑟的国际胸襟和学术态度，起码是关心中国文化的学者。

中国学者在改革开放三十年来对西方研究，仍着力于翻译方面。西方学者对中国的研究，比较上认真和深入。在2008年8月《同舟共进》节目中旅美学者薛涌以《我们有没有"自闭症"》为题说：

"美国学者研究中国，细致到一个县、一个村甚至一个家庭，这样的

著作在英文世界多如牛毛。中国做过多少美国一个小镇或者一个城市的研究？这种无知，正是一些国人得以大胆放言的基础。这种自闭症不打破，中国就难以真正走向世界。"中央电视台正好充当医治自闭症的角色。

如果邀请到洋建筑师、洋学者，对他们自己的文化有研究，对中国文化也有认识，在电视台发言，由中国学者主持引导，多作东西文化比较，不亢不卑，就能起到很大的平衡作用。在崇洋媚外的风气下，国人看到洋建筑师也尊重中国建筑文化，比我们自己说，会收效更大。同时，听众也可以认识洋文化，扩阔国人视野，一举两得。

除本国设计师担任各种各类的讲题外，最好能够与逗留在中国较长时间的洋建筑师，或停留在洋国家较长时期回国的中国学者，共同参与设计活动。这也是在崇洋风气下一种破除迷信（迷洋）的方法。但这个方法，先要由业主做起。我们说洋建筑师，只是一个统称，实际上他们是由各个不同的西方国家来的，更重要的是，他们受各种不同的教育制度与方法，在不同的社会长大和做事（当然是不同性格的个人），中国建筑师与他们共同参与设计工作会学到不同的设计方法和概念构思；洋建筑师也在中国建筑师这儿学到我们特有的经验，相互得益。这与由洋建筑师先从设计比赛胜出，再找中方设计单位合作（洋方为主，中方为宾）的方式基本上有所不同，这种合作方式有名无实，因为中方只能执行实现洋方的设计，而没有参与设计整个过程的实质工作。

3.6 中国古文化急需现代化、商品化和企业化

中国传统文化工作者一向重视学术造诣，人格清高，视钱财如粪土。这种与世无争的情怀与传统有它的优点，那就是文化人搞文化工作。

但20世纪美国的文化工作者改变了文化的传统定义、扩大了文化的范畴及视野、加入社会，各阶层参与，缩小与这个世界的距离，目的是革命性的把文化现代化、商品化和企业化。迪士尼是一个非常成功的例子。

现代化

把古文化现代化的目的，是让更多的青年人明白、了解、接近、以致接受古文化。现代化的意思是把古文化以现代言语、文字、漫画、诗歌咏唱、戏剧、电影、电视等方法，解释难以明白的古文化，透过各种传达和沟通方式，先吸引年轻人对古文化发生兴趣。这种现代化工作，是每一代负有文化使命的人的责任。

最简单的例子，便是把古文化、文献、文字，历代加注释，到20世纪，把它用白话翻译，如白话易经、白话战国策等。其他以现代语和插图解释的，还有古代历史故事、古代寓言、成语故事等。近二十年，又加上DVD和网络数据，其最终目的是使古文化接近年轻人，使年轻人容易接近古文化，中国几千年古文化得以代代相传。

宗教对现代化很重视，如天主教把传统的传道语言拉丁文，改为本地语言，把圣经历代翻译为当代、当地语言。美国基督教到黑人地区，更把传道方式爵士音乐化、舞蹈化。最终目的是吸纳年轻的信徒，没有年轻一代的信徒，这个宗教便渐渐衰落，这是很容易明白的道理。

香港把佛教科技化的工作始自2006年，透过本地一家报纸，每周三有内容精彩的副刊。据报道：

"所谓佛法遇上科技，所指的不是佛教论述能为科学家提供探索宇宙真相的重要线索，而是数码科技为学佛者带来的种种法器：佛曲

MP3、视频网站上的大德开示、佛学辞典网上搜查工具，以及数码佛典古籍藏书，等等，都成为新一代的修行法宝。佛门网至今已成为每月点击率达30万、全球最大佛教网站之一。网站为佛教弘法事业带来很大契机，因为N世代（Net Generation）无论工作、学习、娱乐、沟通、购物无一不在网上进行。

"网上弘法成大势所趋。有见及此，负责'佛门网'的法护法师不断为网站革新，并构思出'网上寺院'的崭新概念，利用网络提供声音、文字、动画与用者以互动形式作交流。佛门网的好处是让大家不受地点、时间限制而获取佛教信息。佛门网是没有派别的网上佛教平台，信息每天不断更新，任何佛教派别的人士都可以在这儿找到所要的数据。"

广东鲜虾云吞面，是很传统的民间小吃，从我的祖父时代到今，因不能现代化已渐渐式微。取而代之的是麦当劳汉堡，麦当劳的成功秘诀是从小孩子入手。最重要的是在电视上非常有趣的广告，和随食物附上动物玩具的预告；加上设计新颖、清洁、光鲜的食店，座位舒服；配上笑容可掬，年轻活泼、衣冠制服光鲜的服务小姐；食物来源标准化，由冰箱货车送到食店；最吸引小孩子的是，你可以坐下来吃，或一手持汉堡包，一手持可乐，走出店外吃。如果三代同堂，孙孩辈要去麦当劳，父亲、祖父辈便不得不同往，麦当劳三代通吃！云吞店给人的印象一般是不清洁、不光鲜；服务员衣冠不整，言语由含糊不清到粗野；座位极不舒适，照明不够，夏天温度过高等等不如意的进食环境。现在香港剩下来的云吞店不多，而且店内看不见有小孩光顾，只有成年人和老年人，生意前途，一片暮年景象。

古文化，包括食文化，如不现代化，不吸引年轻一代，便会自我淘汰。

商品化

很多年前，美国打破空前票房纪录、盛极一时的电影《星球大战》（*Star War*），制片人对传媒说，他是阅读了中国小说《西游记》后受启发的。好莱坞把《花木兰》（*Mu Lan*）的故事，以动画制成，我恰巧在伦敦，以第一轮全球首映票价看了，非常感人，这已经是20世纪90年代初的事了。

古文化商品化已无国界所限

20世纪80年代西方忽然有翻译《孙子兵法》和《老子》高潮，图文并茂。所谓知识产权已无从追究，因为春秋战国时期，尚未有什么版权。所以，把古文化商品化，法律上是很安全的。

我国古文化质与量极其丰富，我们不把它商品化，其他国家便可效法美国的动画取材花木兰，可以继续从中国古文化宝藏里如探囊取物。

文化创意产业

在19世纪法国的印象派艺术家已有一些原始产业意识，他们在酒吧、咖啡馆相叙，讨论艺术，后来变为一年一度的艺术家（限于仍然在生的）作品展览。最早培育艺术文化事业的国家可以说是法国，20世纪初在巴黎的一条街，专设一些画室（atelier），专供养成了名，但不富有的艺术家，免费居住。就在附近小广场，租出一些即席挥毫的画家摊位，其中有些还替游客即席素描半身像。这样，不但对成名和还未成名的艺术家直接提供帮助，间接亦使该区成了热闹的旅游区。

近二十年来，国内也有以讯息科技致富的创意产业，成功的已名列世界前茅。大城小市，亦有成功和不成功的"艺术家村"，彼起此落。

2009年6月23日，《明报》报道，香港政府提出拨地、贴钱扶持6种产业：

1. 教育方面预留两块市区土地，发展自资专科及高等教育课程，方便内地人才留港工作，研究设立以内地课程授课、衔接内地教育的学校模式，探讨内地学生到香港非公营学校读高中的可能。

2. 医疗方面预留4幅土地发展私营医院，今年底征求意向书，其后供私营医疗服务机构竞投，加快建立儿童专科及神经科学专科卓越医疗中心。

3. 检测和认证方面3个月内成立香港检测私营认证局，扩大私营化验所的商机。

4. 环保方面扩大环保采购，扶持环保回收工业，停止购买钨丝灯泡，改用环保灯泡。

5. 创新科技方面提供财务或税务诱因，鼓励私营机构增加科研投资。

6. 文化及创意产业方面推动香港人，尤其是年轻人对艺术文化的兴趣和鉴赏力，加速未能物尽其用的工厂大幅度改装或重建，为文化及创意产业提供可用楼面及土地。

香港政府罕有地对以上六种产业，提供土地和金钱协助，虽然迟了一点，但方向是正确的。至于这六项是否是最适合？是否遗漏了一些极富潜力商机的项目？相信"经济机遇委员会"会继续检讨、研究和听取各界意见。

但"文化创意"的原始和基本条件，是先有创意的人才，然后由这些有才的人去锲而不舍地耕耘，再由私人或国家投资，从旁协助，令其成功；最重要的还是创意，"创"者意味着世界上尚未有的，而又有走向世界市场的可能。"经济机遇委员会"所提出的六项多属投机产业而已。

企业化

迪士尼的成功运作，很值得我们研究。它的开始非常朴实、简单，是用动画提供娱乐，对象是小孩子。经过半世纪的努力经营，配合时代科技，开设乐园，现在，成为一所国际文化企业大机构。我们看不到的，包括该企业的内部组织、管理、投资策略、对外关系等。

投身文化和其他创意产业的人士，基本上的缺点是缺乏商机意识、商业和理财的头脑，文化商品化成功后，便不懂得更上一层楼——企业化，可能这是中国文化人、文人、艺术家的通病。

3.7 调查中国城乡民众，现有生活方式和他们的理想生活方式

在目前的房地产市场供求情况下，市民只能在自己经济范围内，选购自住的物业，而没有机会根据为他们某种生活方式而设计的房地产购买，因为这种设计概念，根本不存在。

房地产商或建筑师根据什么因素设计新项目

当房地产商或他们聘请的建筑师，设计一个新项目时，是根据市场和他们的经验设计的。所以，其结果是因地点和投资多少，决定该项目

是低、中、高档，是以质量为设计指引，建材、物料、配套的分别也是以质量为标准。至于项目的成功与否，完全是根据销路而定。

投资者以销路作设计主导思想的道德问题

香港房地产商以他们的销路经验、市场的承受力和买家的购买力，作投资方向决定。建筑师只是一个唯命是从的绘图员而已，但要负上专业和法律上的责任，把图则变成项目工程，由开工到竣工，以取到政府发出入住许可证为职业任务的终结。这种模式在香港已进行了100多年。

内地建筑工程和港式大同小异，最明显的分别是建筑师在施工、监工合同和法律上负很少责任，甚至没有责任；据我的有限经验，承建商在工地上（大如更改结构）的权力和责任，相对比建筑师大得多。如此的房地产活动，已有二三十年。究竟这种模式有没有问题？

我认为土地的存在是以亿万年计、国土也以数千年计、房地产商只是在短暂时期内的拥有者，使用者只是几十年或更短期的过客。而这块地、这个区域、街坊、社会可能是几百年、一百几十年来老祖宗的生活空间和生活方式所形成。任何建筑活动涉及消耗地球上的能源、资源，社会的人力、物力；如果改变前人的生活空间和动用地球、社会资源，而没有改善社会效益、家庭和使用者效益，是不是需要承担一些道德责任？大部分房地产商的活动，根本没有考虑这个与法律无关的问题。

历年来，一般都市人口增加，经济架构改型，社会结构和新增阶层复杂化。政府为了展示进步、都会形象、改善市容、疏导交通、解决旧楼变危楼等等理由，加上经济发展蓬勃稳定，便推出小区重建计划。重建计划最不如意的是破坏原有街坊、小区人缘结构和原有的传统生活文化网络。政府伙伴房地产商，以商业行为作主导思想和行动。如结果没有改善小区效益、使用者效益、小区生活文化效益，政府是否需要承担道德责任？

在20世纪，有些都市没有推行小区重建计划，而是在原旧城附近，觅地另起炉灶扩建或加建。加建什么是视乎和满足原旧城之所需，如旅游设施区、住宅区、教育区、医疗设施区、商业区、工业区、水电过滤地下水等基建区等。推行这种另起炉灶（新区）方式，首先是原城旧街道、旧楼宇历年需有现代化和维修。在兴建新区前要计划与原旧城的交通接驳问题，可能在基建上成本相当高。

无论如何，地区重建，政府应该负上保育、延续小区文化的责任，政府和它的伙伴房地产商应该考虑道德责任，包括如何回馈社会。

调查工作的意义

房地产商的项目，直至目前为止，建筑师的设计，多听命于房地产商，房地产商听命于市场。整个过程是商业行为，没有考虑买家或使用者的要求。既然建筑活动需动用地球和社会资源，如果加入使用者的需求，在不加大成本的情况下，相信房地产商是会接纳的。在这个假设下，我们应该如何进行调查工作。

建筑、地区、甚至城市设计的调查，可以简化，分为两大类：一是质量，二是生活（包括工作）方式。

公屋质量一般是由国家或地方政府决定，如政府资助房屋，每人居住空间最小多少平方米，物料标准等。

可是生活方式，据我所知，是完全没有人调查过的。可能调查这两个字已不适合，它的运作应该是一项研究和讨论的工作，而且除了建筑师外，还应该加入社会学、心理学、人文学等专家参与。

20世纪90年代，住在香港房屋署管辖房的居民，每周、每月向房屋署示威，由20世纪三四十年前第一代住客的感，转化到第二、三代住客要吊死房屋署长的仇恨，究竟是为了什么原因，出了什么错？我向房屋署建议组织一个调查，调查成员包括建筑师、社会学家、社工（小区工作人员）、心理学家、人文学家、房屋署管理员代表、房屋署居民代表，房屋署以没有预留这个调查经费开支婉拒了。如果房屋署和它的设计师，不知道使用者的感受，不与时俱进，肯定会继续失败的。

生活方式的含义

为什么我建议社会学、心理学、人文学专家参与？因为他们有过专业的研究与训练，培养出不同的视野和多种价值观，当然会提出不同的问题和看法，得到更多答案，使调查和讨论尽趋完善。

如果一家有三代同堂，便应该有三种生活方式，三种成长的经验和三种理想。居住在大城市、小镇、农村应有三种不同的生活方式。

但富人、中产和低收入人家的生活方式，是否应该有很大的分别呢？

我的想法是，如果这三家视家庭价值是相同重要，他们对家庭生活、家庭相聚时间的要求，应该是相若的。但我同时相信，经过调查的答案是比较可靠。

如果有人问我你孩童时代最喜爱的那段生活方式是什么？我毫不犹疑的答案是：在晚饭后走出家门，与邻居小孩相候、相叙、相嬉，各人吹牛、说笑，不久便组成一队女孩子、一队男孩子。聚集的地方是日间人流相当繁忙的骑楼底公共空间，晚上人流少了，便成了我们的临时半私人空间娱乐场所。男孩照例是由互相追逐，变成赛跑，女孩坐在地上玩以双手挑绳和抓子游戏。到现在我还回味那种邻里友谊和竞赛，竞赛可以培养胜不可骄，败不须馁。我们住在下铺上居，二战前的唐人楼，只有四五层高，十来间铺之内，各人认识，朝夕打招呼、问好。

现代几十层楼高层住宅，首层大多是停车场，大厦紧靠林立，密不通风，外围便是交通频繁的马路网。小孩子吃过晚饭看电视，或玩电子游戏机，缺乏课余群体生活，培养成孤独性格。

如果经过调查和研讨，找出现代住宅、办公楼所缺乏的公共空间，房屋署、房地产商认为在新的项目里，提供这些公共空间是他们的应有道德责任，建筑师会欣然接受这种挑战，把这些公共生活空间需求，重现在他们的设计中。我相信居民对房屋署会感激，房地产商也可以得到较高的楼价。

房地产商绝对有能力把这种半私人、半公共空间，穿插在高层大厦中，如每若干层便有若干平方米多功能空间，由大厦管理处管理，住户商讨决定用途。

其他小区公共空间及民间活动内容，需要政府推动、立法和协调。

生活方式的重生

社会不断进步，多是属物质进步，但不一定包含素质，尤其是人与人之间的来往互动，居住环境越来越使家庭与家庭之间隔离，使小孩孤独，大厦设计忽视使传统邻里、家庭生活方式再生。到目前为止，没有私人、机构或政府主动做调查工作，而私人房地产商没有调查责任。我认为类似以上的生活方式、理想居住环境调查，只是冰山一角。除了老、中、青、幼的生活需求研究、讨论、调查外，还有街坊广场、小区广场、市集、市肺小公园、鱼鸟市场、娱乐广场、小区广场、熟食广场、办公室工余时如午膳后、下午五时后回家前的公共休憩空间，是刻不容缓的，起码，让我们知道我们需要些什么空间，崇洋风便不击自退了。

3.8　建筑师的教育、培育与个人风格重新考虑

国内的，尤其是香港的，建筑师教育，是很受西方影响的，因为建筑学院的可信性、公认性，是受英语系统中英国的CAA和美国的NBAA认可机构认可的，并与世界英语系统各大学建筑系接轨的。很大程度上，公认必修的科目，与各国差不多或大同小异。至于各国的建筑文化和历史数据及教导，不会受到限制，但亦不会受到重视。

3.8.1　20世纪60年代的建筑系

我在1967~1968年当香港大学建筑系兼职讲师，主任英国人回英国放长假。导师大部分是英国或欧洲人，本地中国人老师为数甚少。教"中国建筑史"的是一位斯里兰卡女建筑师，她可能因教"印度建筑史"而兼职的，原因是全香港找不到一位够学术资格的教师。

3.8.2　改革开放后

改革开放后，我尽绵力组织和推动香港建筑师学会和香港大学自费讲学旅行团，走访国内著名大学建筑系，进行讲学、座谈和交流。当时

各大学资源非常缺乏，我记得有一次我们买了三部幻灯投影机，作完学术报告后，分赠给三所大学。我们的回报是，得到当地学府的协助，游览各地名胜和古建筑。

但在短期内，香港大学建筑系对中国建筑史和中国历史文化的认识仍然相当贫乏，没有好转。我继续提倡、鼓励香港大学建筑系，邀请国内建筑学教授来港授课。但一直要等到20世纪80年代中，才能邀请国内大学建筑系的教授来港数天或较长时期的讲授。后来才了解到是因教授"出国"的问题，受到阻滞。前所未有，首批国内教授来港讲学，引起了本地建筑师和大学师生对中国建筑文化的兴趣。不但国内各大学教授访港频密了，而且开始建立了友谊，盛况一时。建筑系主任黎锦超教授和巴里·威尔（Barry Will）老师，不遗余力促成各教授访港好事。

与此同时，中国建筑学会邀请世界各国著名建筑师，到北京讲学，举行座谈会、学术报告、专业交流等文化活动，盛况空前。我在1983年，有幸与英国的丹尼斯·拉斯敦（Denis Lasdun）和澳洲的约翰·安德鲁（John Andrew）（当时他是哈佛建筑系主任）被邀到北京中国建筑学会作学术报告。

时至今日，我觉得从1979年起，至90年代初，我以上的穿梭工作，是我一生中最有意义的时光。

3.8.3 21世纪进步了? 退步了?

香港大学建筑系近年系主任是英国人。根据每年毕业生展览的观察，比起十年来，水平没有显著的进步，但亦没有明显的退步，因为我看不到香港大学有什么特点。

很多年前印度现代建筑设计有别于西方，因为它出了一个利用印度传统特色的建筑师，他的名字叫查尔斯·柯里亚（Charles Correa）。同时，埃及又出了一个更出色的现代建筑师，也是利用埃及传统特色，他的名字叫哈桑·法赛（Hassan Fathay）。后来，墨西哥也追上了，出现了几位以墨西哥本土特色为创作源泉和灵感的建筑师。20世纪70年代以来，东南亚诸国如菲律宾、马来西亚、泰国等，尽力聘用有本国特色的建筑师以为荣。

为什么香港没有出产富有中国特色的建筑师？我认为目前的情况，很适合检讨现存这么多年建筑师的教育制度。当然，香港必须要保留国际认可这一环，其他可以改变、改善，更可考虑加入新课程。很简单的预测，香港或国内的建筑师教育，如要跳出现有的西方主导的流派主流，便需要重新以中国文化为设计教育基础，走出一条新路。

3.8.4 建筑系制度可以改革头三年后成为AP，暂称之为三年制

目前香港只有两所高等学府有资格颁授建筑学学士衔；那就是香港大学和香港中文大学。两所大学都是根据世界各国盛行的五年制，五年中是包括给毕业生两个学术头衔，一个在三年后，一个在五年后。但三年后的是一个虚衔，因为它与执业和薪酬没有很大关系，只是一个阶段过程。五年毕业后，实习两年，便可以考香港建筑师学会专业试，及格后便可以考政府的执业试。

由于香港的社会特殊关系，我建议头三年内可以集中训练学生成为拥有"认可人士"的专业知识，毕业后，实习两年便可以考执业试，授以香港政府炮制特许的AP（Authorized Person）执业牌照，职能是可以代表业主把建筑图则送到有关批审的政府部门的人士。根据

我的经验，如在头三年密集训练，学生可以熟识香港特区的建筑条例、消防条例、城市区域现行规划、用地、绿化、交通执行计划及条例、节省能源、建材、循环再造、绿色环保意识守则、供水供电地下水守则及条例；小型建筑设计院管理、建筑合约管理、工地施工管理。对业主和政府来说，他是一位实事求是、脚踏实地、能干负责的房地产建筑物设计师；对他本人来说，他是一位能养妻活儿（或养儿活夫）的专业人士；对社会来说，他是一位建筑物设计师、建筑合同管理和工地管理人员（Building Designer，Contract Administrator and Site Supervisor），对社会贡献良多。

我的建议包括，这个三年制有两个必须附带的条件：一是符合国际认可的学术头衔，毕业生有学术资格，可以升学到全世界有建筑系的四年级；二是在三年合格后，如停留在香港，可以选择 A. 离校做实习工作，成为AP；B. 继续升学攻读建筑系；C. 工作若干年后，回校再攻读建筑系。

3.8.5 为什么香港需要两种建筑师

香港建筑业，在20世纪80年代起了结构性的转型，建筑业转型为99%房地产业。80年代前，建筑业包括私人，家族，企业，小、中型房地产公司等。根据经济学的供求定律，那个时代需要大小型"则楼"，即是需要各种不同专业和职业水平、个人在建筑设计的追求、文化背景和修养的建筑师，去满足各种不同需求的业主；亦即是说社会可以养活各型各类、要求和追求不同的建筑师。80年代以来渐渐由大型上市房地产公司占有大部分建筑业，越来越少私人、家族、企业、甚至中小型房地产公司，亦即是说香港大部分建筑业由六七间房地产公司垄断。

到21世纪初，绝大部分香港建筑师，为了糊口，需要为房地产商服务。一般来说，房地产公司追求什么？它们追求的当然是金钱，其他如社会效益，富有中华民族建筑文化特色根本没有考虑，亦不需要或容许建筑师考虑。一般房地产公司的住宅和商业建筑物的设计要求，不需要劳师动众，任何一间大型房地产公司，稍有经验的高级职员，在这方面的设计要求，比建筑师懂得多。这些房地产公司的90%房地产产品，极其需要的是唯命是从、绝对服从的AP。如果这些公司偶然需要扬名，发展一项举世瞩目、知名的产品，它们可以聘请国际知名一流的明星建筑师，设计一个地标。

其实，这样的房地产和设计市场，已在香港存在了20年；而这20年来，香港两间大学仍然视若无睹，继续生产五年制的建筑师。不单是浪费公帑，而且制造房地产商投诉的所谓"不听话的"（即"不服从的"）建筑师。最致命的是，如果这些大学毕业生看不透这个极其畸形的商业社会，以至学非所用，他们会很失望，甚至愤怒，加入香港悲壮的愤青行列。

为什么我会这样说呢？几十年来，我做了几十年建筑师，同时在大学也当过几十年兼职老师，荣誉讲师，第3年、第5年毕业论文考试主持人，名誉教授等职，发觉每班40至50人中，最后最多只有一两名是较有建筑师的天分，其余很多只有建筑师的自尊心而已，在中国传统文化里可以算为"士"。在五年制里，学生学到很多关于世界艺术文化和审美的知识，也自觉和不自觉地认为，建筑设计一半是技术和科技，一半是文化和艺术。但是当他们毕业后找到的工作，却不是这回事。他们的工作不但不需要文化和艺术知识，还需要听命于业主。业主吩咐他们要做什么，不可做什么。于是可能因为受了一些

222

传统的封建的士、农、工、商的阶级观念所影响，认为建筑师的文化地位比房地产商要高，为何却要听命于他们。而房地产商，根本不需要建筑文化和有审美知识的建筑师，他们需要的是唯命是从的AP，替他们送审几乎全是业主的主意的设计图则的人，亦即是一位建筑物设计师、合同管理和工地施工管理人员（building technician and administrator）。建筑物就是building，而不需是附有建筑文化和审美成分的architecture，所以我提议的三年制毕业的认可人士最为适合，他们没有"士"的自负和自尊，业主又得到听话的设计师，不是两全其美、皆大欢喜吗！

根据我的观察和经验，一般五年制的毕业生，都有"士"的气节或脾气。"士可杀，不可辱"是知识分子的自负和自尊，由西汉的司马迁，到民国16年的王国维，不知多少"士"死于自负和自尊，包括苏东坡。苏在《洗儿戏作》一诗中说：

人皆养子望聪明，

我被聪明误一生。

惟愿孩儿愚且鲁，

无灾无难到公卿。

苏东坡又在《石苍舒醉墨堂》首句说："人生识字忧患始"，聪明和识字使苏东坡陷入灾难。其实不是所有聪明和识字的人，都会陷入灾难，而是由于在仕途当官而不贪污，或不同流合污，甚至作诗作赋讥讽这些贪官污吏，便会受这些小人陷害。

我不是说五年制毕业生会变成小东坡，而是会由聪明和识字达到或染到一些士的脾气，对他们处世反而不利，因为香港这个社会，尤其是房地产大财团，根本不需要五年制毕业的建筑师。

现行的五年制有一个很大缺点，是由以下两个因素形成：

1. 从整个课程来衡量，花太多时间在设计课程上，而在设计过程中，花太多时间在绘制悦目图则或精致模型上。

2. 相对来说，设计概念的思考不够时间，不够深入，甚至不知如何进行思考。

一般香港的建筑系学生和建筑师有一个通病，那就是用眼多于用脑，注重视觉效果，忽略思维效能。

3.8.6 在香港改革后的五年制

如果读者同意考虑我以上三年AP制，现有五年制如何改革？改革的五年制应该如何进行呢？我的初步想法是应该由香港两间大学委派代表各一名、香港建筑师学会和香港建筑师注册局委派代表各一名、中国建筑学会委派代表两名，再由这6名代表邀请世界建筑学教育专家4名，共10人组成一个香港建筑学教育委员会，厘定5年之内学些什么。

在征招香港、国内和国际共十名专家前，必须有一个临时筹备委员会，草拟改革的需要、宗旨和目的。为了完成我这个私人幻想，让我暂时充当这个筹备委员会，以下便是改革宣言：

香港高级学府有建筑系始于1952年，由英国建筑师Gordon Brown为第一任主任。五年制的课程是因循英国大学制度，职业资格是由CAA（英联邦建筑师学会）认可，80年代再加美国的NBAA认可。半个世纪以来香港大学建筑系造就了不少建筑师，服务和满足了香港发展的需求。

21世纪以来，建筑设计服务行业已进入中国内地，甚至伸展至海外。为了进一步加强学员的科技、学术、文化的认识和实力，在全球化市场上竞争的能力，极需改善本港大学建筑系的课程，以应付本港与内地、世界各地现在和将来所需。同时，亦需要取得CAA及NBAA的认可，我们亟须考虑改革目前的五年制。

我建议在录取第四、第五年学生前，必须经过入学面试，主要是提出一些问题，从答案中可以观察和衡量到学生的情感与理智层次如何，录取平衡发展者。在第四、第五年内注重培训与中、西建筑文化有直接或间接关系的科目，列举如下：

（1）哲学——集中在中国哲学家的理念和学说，西方哲学家的思想、思考与思维的发展、研究与方法

（2）心理学——集中在幻想、联想、情感、激情、白日梦、视觉幻觉、时间空间的起源和相互关系

（3）社会学——集中研究从原始社会如何演变成现代社会的简要过程，从个人、家庭、邻里、小区、国家、国际关系到宇宙的关怀与胸襟

（4）艺术科目——集中在原始人类悲喜时从个人心里发出的声音，演绎到部落式的歌舞、诗歌、岩洞绘画、诗词歌赋、戏曲，至强调中国书法的源流

（5）文化科目——集中在中国的似是而非、似非而是的学说，从研究易经、阴阳五行、预测术、风水术、览地貌如何影响个人精神和身体健康、个体建筑、群体建筑、首都选址、宫殿庙宇、园林布局、民居等历代聚散过程，由课室内至课室外的实验，以科学方法引证为目标，以辨是非，以中文为本翻译成各国文字公诸于世

（6）实地考察科目——组织访问全球著名（如哈佛、伦大、剑桥等）建筑学学府，尤其是国内（如北大、清华、东南等）和亚洲的大学（如在印度和日本等）的教育学科与方法，旅游考察各国著名建筑物、遗址及名胜，尤其是中国大江南北的古建筑，长江、黄河、三山五岳的自然风貌。

以上全部学术科目和访问考察活动，学生必须在课室或室外实验当时当地做笔记或素描；读书、访问、旅游后必须写述心得报告，组成80%学分。其余20%由设计元素组成，但每个项目只是以两三天，最长一周内的时间完成及交卷。目的是训练学生的快速思考、设计概念。

小结语

三年制，学"建筑文明"；
五年制，兼学"建筑文化"。

3.8.7 风格的问题

当我们说这建筑物有唐朝风格，或是有包豪斯（Bauhaus）风格，我们应该认识到或意识到唐朝时代的建筑物有某些特征，包豪斯学派有哪些特征。当我们看见某些特征，便可以把建筑、绘画、雕塑、诗词归纳到某个时代，甚至个人。

个人风格如陶渊明和李白，各有特色和特征，但这些特色和特征可以说是带有东晋时代和盛唐时代的气息和风格。

中国现代文学不用追随西方任何国家的著名作家的风格，因为我们的语言、文字有悠久的历史，与所有西方语言不同，有独立的审美观。如果有影响，都是思想方面，不会长久。

建筑风格在历史上的公认性和定位性，是经过史家、学者长时间审议和认同，才有定论的。这些定论在历史上也时有争论和翻案。公认和定位都是属学术性的推敲和各地文化的自尊有关。建筑风格除了有地域性和时代性的因素便是建筑师的个人因素。可是建筑语言、符号，很容易成为国际语言，尤其是透过书刊、电视等传媒，成为弱国所趋。中国国力走上大国之途，但在建筑文化的信心来看只属弱国。

20世纪中叶至今，建筑师的个人风格越来越多，越来越频，越来越重要，因为建筑师懂得怎样透过传媒、出版书刊、制作DVD、上网、到有市场潜力的国家、建筑学院、学会演讲等方法，自我宣传。建筑学院亦竞相邀请当红的建筑师来讲学。如果那个学期或学年，请来一位颇具声名和说服力的建筑师A君，那个学期或学年的学生设计习作，便产生很多小A了。

甚至历年有些荣获建筑师学会年奖，或什么奖的，都可以说，相当多得奖的设计风格似也曾相识，这个不是很像A吗？或那个不是有B的影子吗？而这些影子绝大部分属西方当红的已成名的明星建筑师。

其实，建筑师的个人风格与他的学院、地域、时代、如今还要加上传媒渲染，是很有关联的。要彻底建立有自我的个人风格，便要由学院的专业教育开始，彻底摆脱这些以西方教育为主导思想的灌输，摆脱或认识A或B的渲染和影响。所以，建筑师的教育改革是刻不容缓的。如果建筑学教育没有改革，我们训练出来的建筑师，只能继续做A或B的信徒。所谓个人风格就是追随A或B的个人风格的缩影，下一代建筑师也不能跳出这个五指山，世世代代永不超生。

3.9 鼓励有中国建筑文化内涵的设计和理论

世界四种古文字，其中三种，古埃及、古巴比伦及古印度，已埋藏在历史的尘埃中，只有一种——汉字——仍然生存，而且是世界上使用人数最多者。

光是这个讯息，使我深信21世纪是寻回和重新认识自己的老祖宗的宝贵遗产的时候。

中国古文化的启发

人类四种古文字，为什么只有汉字延绵不断，留存至今？

人类多种古建筑，为什么一种也不能延绵不断，留存至今？

我们现代人看古建筑，往往把它抽离了它所属的大文化背景；或是把研究一个国家的古建筑，抽离了同时期其他国家的古建筑，来单独处理。更不能把已知现象长期视为真理，因为考古发掘工作不断披露新资料。

四种人类古老文明，其中只有一种延绵不断的原因，相当复杂，现根据《中华文明史》第一卷的一些答案数据，选录于后：

"人类古老的文明有四种都是沿着江河发祥的。这就是尼罗河流域的古埃及文明、幼发拉底和底格里斯两河之间的巴比伦文明、印度河与恒河流域的古印度文明、黄河和长江流域的中华文明。

"古埃及文明可以追溯到公元前4000年左右。大约公元前3100年美尼斯统一了上埃及和下埃及，建立了第一王朝，此后数百年间文明趋于成熟，开使用象形文字，组织了国家，开创了法老专制政治。大约公元前2686年建立了第三王朝……并建造了层级金字塔，第四王朝建造了吉萨大金字塔和狮身人面像……从公元前1570年到公元前332年这一千多年间，内讧不断，外族屡屡入侵，战乱频仍。公元前332年，马其顿的亚历山大大帝接管了埃及，开始了希腊、罗马文明与埃及文明交融的时期。到4世纪中叶埃及成为主要的基督教国家。公元639年阿拉伯人入侵以后，经过缓慢的过程，埃及逐渐阿拉伯化。

"巴比伦文明起源于公元前4000年左右，那时巴比伦城还没有崛起，居住在两河流域的是苏美尔人和阿卡得人，他们创造了楔形文字，制定法典，建立城邦，发明陶瓷、帆船、耕犁。大约公元前1900年，从西方来的阿莫里特人征服了这个地区，继承苏美尔人和阿卡得人的文明，并使巴比伦成为两河流域的政治和商业中心。

"公元前1595年喀西特人掌握政权，建立了一个延续400年的王朝。此后，亚述人、阿拉米人和迦勒底人展开多年斗争。从公元前9世纪到公元前7世纪下半叶统治这个地区的主要是亚述帝国。最后一位亚述国王逝世后，迦勒底人的领袖那波帕拉萨尔在公元前626年建立了新巴比伦王国，他的儿子修筑空中花园，改建神庙和通天塔。公元前539年这个地区被波斯人占领，公元前331年又被亚历山大大帝占领，巴比伦遂纳入希腊文明的轨道中。

"古印度文明又称哈拉帕文明，时间约在公元前2300年至公元前1750年，分布在印度河流域大约50万平方英里的土地上，至今已发现70处遗址，包括两大城市和100多个城镇和村庄。当时已有比较发达的农业、畜牧业、铜器、陶器业及纺织业，已有车船等运输工具。但这一文明不知何故销声匿迹了。公元前1500年至公元前500年是吠陀时代，《吠陀》是印度、雅利安人的历史文献。印度、雅利安人在吠陀前期活动在印度西北部，到吠陀后期他们进入恒河中下游地区，并开使用铁器，奴隶制度国家开始形成。公元前6世纪摩揭陀国控制了恒河谷地，佛教和耆那教开始占有重要地位。公元前325年，旃陀罗笈多建立了孔雀王朝……几乎建立中央集权的统治。公元前150年到公元300年，印度陷入混乱，月氏人、贵霜人相继侵入北印度、潘地亚、哲罗、朱罗三国在南印度对峙。这种列国争雄局面持续了一千多年，一直到印度沦为英国的殖民地。

"……中华文明不算最早，但是唯一从未中断过的文明。今天生活在这片土地上的人就是那创造古老文明的先民之后裔，在这片土地上是同一种文明按照自身的逻辑演进、发展，并一直延续下来。同时，中华文明在发展过程中显示了巨大的凝聚力，不仅没有中断，也没有分裂；只有新的文明因素增加进来，而没有什么文明因素分离出去成为另一种独立的文明。

"……前三种文明都是在相对集中的一个较小范围内展开的，回旋的余地不大，一旦遭强悍的外族入侵和战争的破坏或严重的自然灾害，就难以延续和恢复。而中华文明则是在一个很大的范围内展开的，回旋的余地很大，便于将不同民族势力和文化加以吸纳与整合，也不致因地区性的自然灾害而全体毁灭，所以能够传承数千年而绵延不绝。……延续不断原因，还应当考虑中华文明本身的规模，中华文明在遭到周围其他文明威胁时，其总体规模已十分巨大，在经济、政治、哲学、科技、文学、艺术等许许多多的领域内，已经形成了完整的相互关联的文化整体。对中华文明构成威胁的其他文明虽然可以用武力部分地或全部地占领这块土地，但无论如何最终还是不能不被这规模巨大的文明整体所吸引同化。……其他主要因素还有祖先崇拜、自强不息厚德载物等精神。"

以中华文明、文化大背景研究建筑文化，中国建筑文化、特色是延续了下来的，但恐怕未得到应有的重视。如果我们回顾历史和向前看，中华文明几千年后应该仍然可以延演下去和延绵不断，但不知建筑文明能否延续下去呢？

这里有两个非常重要的问题：

第一是古建筑能否保存下来？

第二是我们及我们子孙，能否把这些古建筑文化延续？延续的意思就是不单是把古文化保存下来，且赋予适应该时代的新生命，如古文字。

从保存和延续中华文化的想法想起，保存和延续中国建筑文化，是每个中国人的责任。

第四章

大国之道

马丁·雅克曾在中国生活，订阅大量中国书刊，他认为西方人爱吃中国菜而不懂中国文化，不可轻视全球五分之一的人口说普通话的文化力量，中国是以儒家文化为核心的"文明国家"，有别于西方的"民族国家"，不会像奉行民族主义的西方国家那样弱肉强食，他认定中国崛起不仅是经济现象，更是一种文化影响，甚至会改写"现代"的意义。

文章写到这里，其实已完，因为几乎每章都有结论，那就是中国无须崇洋。这章是要回归到本书的书名，上半题是"大国"，下半题就是"崇洋"。直到20世纪末，世界只有两个超级大国就是美国和苏联，苏联解体后只有美国，完全没有意识到中国在21世纪可以晋升为大国。所以，文章写到这里，只能说是百分之九十多已完成；现在要说的是，有关洋人主宰了世界命运五百多年（自明朝海禁后），他们现在怎样衡量中国呢？中国成为准大国后，又应该怎样衡量、抱何态度、举止看待自己呢？

本书原意是在2008年北京奥运会开幕前出版的，后来由于种种原因推迟了，甚至想过不发表也罢，反正对崇洋这个风气起不了什么作用，更制止不了。但仍希望能唤醒一些国人对崇洋这一社会现象的反思。

在这章里，我会很简单地道出我的大国定义。

4.1 外国怎样衡量中国

在国庆大典前后三周的喜庆活动和有关中国崛起的中西文章，使我想了两本由洋人写的书，我想以介绍和讨论这两本书作为最后结论的上半。我先列出两本书名，然后逐本介绍。

第一本《把握时机——尼克松毛泽东之会面》

Seize the Hour——When Nixon Met Mao，作者Margret McMillan

John Muray 2006年出版

第二本《当中国统治世界之时——中国的崛起和西方世界的衰落》

When China Rules the World——The Rise of the Middle Kingdom and the Fall of the Western World，作者Martin Jacques

Allen Lane 2009年出版

第一本《把握时机》吸引人的地方是书的题目"尼克松毛泽东之会面"与他们会面的年份（1972年），看上去书的出版日期应该是在1972年，或1973年，或最迟也会在1970年内，因为"把握时机"应该是有关分秒必争之事，是当时在场实时报道的时事，为什么等到2006年才出版？

我的看法很简单：首先，作者不是时事评论员、不是记者，而是近代史学者，所以，她是写历史而不是报道时事，后者容易犯上戏剧性的词语及判断，这种职业性毛病美国新闻从业员兼作者最容易犯，但很受一般读者欢迎，而成为最畅销书作者。其次，当年热烘烘的国际大事，经过34年已是冷却了，看事情不会太情感化，而能较理性地分析，判断比较中肯；当年在国际政治舞台上能呼风唤雨的主角、大人物、十之八九也相继离世，作者不会受他们的明星形象、个人风采感染、影响。当年的国家外交秘密文件、幕后配角亦可以逐渐解封、公开、浮现，成为图书馆档案；学者不一定像新闻从业员，要在场才能报道、记录、评述。所以她的优点，除了是学者外，是能够拥有以上所有的客观条件。

她曾是牛津大学和多伦多大学的学院院长，她的非小说类（non-fiction）写作曾获多项殊荣奖状。

作者认为当代国际形势始自1972年2月。

作者回到从1949年至1972年，中美关系恶劣。美国不承认大陆中国，只承认台湾岛国民党政府，所以双方没有外交关系。抗美援朝期间，中、美是战场上的对敌，虽然在战争结束时没有分胜负，可是中国挫败了当时美国在第二次世界大战后所向无敌、不可一世的形象和锐气。中国是社会主义大国，美国是资本主义大国，两国的经济和政治制度，差异很大，因此毛泽东和尼克松二人都需要有一定的冒险胆略和精神。

在这种情况下，不利于两国关系的正常发展，领导人怎会谋面呢？作者认为中国因受"文革"的骚乱，和"文革"余波对外的影响，令中国在国际活动上，越来越孤立。美国在越南泥足深陷，想大炸北越，又恐重蹈朝鲜战争覆辙。从20世纪60年代开始，中、俄关系恶化，中国已屡次反对苏联在中苏边界驻重兵。美国认为第二次大战后唯一的敌人是苏联，而且美国在欧洲的盟友，都认同苏联才是真正的威胁，不是中国。何况，美国在1972年5月将会举行美、苏高峰会议，美国相信毛泽东、尼克松会面会给尼克松一张王牌，起码，苏联会受到心理上的掣肘。

1972年2月的会面是经过三年的精密筹划与安排，可以想象美方要谈的具体细节相当多，可是见面时尼克松虽然开始提及，毛泽东却以手挥之拒谈（waved away），只谈一般性的话题，包括人生哲理。

尼克松在1991年访杭州时，对同行者说："中国已进步了和改善了很多，我希望我对此作过贡献。"他认为他一生最大的成就是他访问中国。他在1993年最后一次到中国时说："历史会记载我一生中的两件大事：一是水门事件，一是打开中国之门。"

我认为无论尼克松是否是一位成功的总统，或是失败的政客，他对中国是有特别的情感。如果早几年，他还不是总统；中国"文化大革命"也进行得如火如荼，不会领略到美国的触角。如果迟几年，毛泽东的身体也不成，尼克松亦会受水门事件缠身，不能访问中国。"把握时机"是尼克松、毛泽东两位的政治胸襟和远见把握促成，无论如何，这两位领导人成功地改写了20世纪可能发展得更坏的历史，而且对中国比较有利。

作者在书中对中美筹备、谈判和尼克松、毛泽东谈话有详细的报道和记录，包括中美巴基斯坦大使和外交人员的回旋穿针引线；在日本对美的乒乓外交安排，操取主动；以至"四人帮"下台、邓小平复出和访美，苏联解体、美苏冷战结束，中美贸易恢复，中国军备和中美新冷战等等，在此不累述了。

作者最重要的观点和结论是：当有史以来第一次有美国总统到中国进行官方访问时，美国已象征性地把领导世界地位让给中国。

第二本书《当中国统治世界》，作者马丁·雅克是伦敦经济学院客座资深亚洲研究员。在过去的15年中，3年居住在香港，在日本两所大学中国研究所，新加坡国立大学当过中国资深研究员，近为北京人民大学客座教授。他曾是英国Demos智库创办人及《今日马克思主义》的编辑，为《泰晤士报》和《独立》杂志主笔、为《卫士报》助编，著有《工党前进之停滞》《戴卓尔的政见》《新时代》，现居于伦敦。

马丁·雅克曾在中国生活，订阅大量中国书刊，他认为西方人爱吃中国菜而不懂中国文化，不可轻视全球五分之一的人口说普通话的文化力量，中国是以儒家文化为核心的"文明国家"，有别于西方的"民族国家"，不会像奉行民族主义的西方国家那样弱肉强食，他认定中国崛起不仅是经济现象，更是一种文化影响，甚至会改写"现代"的意义。

这本书深入考虑，范围不只是中国，而是有关21世纪的世界已不再完全受北大西洋列强国家思想模式的影响。

作者认为，一国实现现代化的方式多种多样。在这个充满"现代性竞争"的新时代里，中国将成为全球竞技场上的核心角色；中国经济的迅猛增长已经产生了深远的影响，并一直为国际社会津津乐道。但是其影响力远远不止这些，中国将可能提供西方模式的替代品，因为它包含完全不同的政治传统：后殖民时代的发展中国家、共产党政权、高度成熟的治国方略以及悠久的文化传承：儒家传统。

本书总共包括两个部分，第一部分是西方世界的终结。

作者在第一部分对西方崛起过程的历史成因进行了细致的分析。欧洲以及美国在世界近代史上占有了举足轻重的地位。19世纪到20世纪世界的主旋律是从欧洲的殖民统治开始以美国的全球霸权为结束的。这个时期的西方列强最早享受到工业革命的成果，殖民和战争给他们带来了大笔的财富，欧美各国在各个方面开始遥遥领先于东亚各国。而中国，在这段动荡的历史中发生了翻天覆地的变化。1949年新中国的成立，中国终于取得统一。共产党政权获得了广泛的支持。共产党的第一阶段的执政，彻底扭转了中国的国家命运。从1949到1978年，中国扭转了一个世纪以来的衰败局面，实现了先前的政权无法创造的经济腾飞。

东亚的快速变化模糊了过去和未来。20世纪末，西方和东方快速拉近了距离，全球化进程使中国和西方既相互竞争，又相互融合。中国作为东亚的大国，她的现代性的出现，很快剥离了西方国家的中心位置，并使其处于相对弱势的境地。中国的快速崛起将给世界带来深远的影响。

第二部分是中国世纪的来临。

作者以中国改革开放为起点，为读者呈现了中国经济快速增长的画面。在短短30年的过程中，中国的经济已经能够跻身世界经济强国。但在经济繁荣的背后，作者更强调了中国作为一个文明国家的文化影响力。为了分析中国崛起的真正含义，作者从中国文化与中国政治之间的关系进行了深入浅出的分析，中国是以儒家思想为政治准绳的、与西方完全不同政体的国家，其政体也是作者认为中国能够成为一个未来超级大国的重要因素。中国的经济快速成长不仅让东亚各国搭上了顺风车，同时也奠定了其在东盟国家中的地位,东盟国家开始以一种全新的眼光看待中国。而美国作为当今世界的头号强国,与日本一样将成为中国未来强有力的竞争对手。

作者在最后做出了一个假设:中国将日渐强大,半个世纪后崛起成为世界领袖。在调查中,这样的猜测得到很多国家民众的认同。经济的快速增长是中国信心的来源,而古老悠久的文化底蕴又是中国能够影响其他国家的独特方式。

马丁·雅克凭其多年东亚国家游历,以丰富的历史知识、智慧专注的文笔,对当今时代的发展提出了独特的看法,让我们能重新认识西方模式和中国崛起模式中的异同。

值得一提的是,作者在描绘中国整体繁荣的途径同时,也注意到了中国经济快速增长,快速现代化所带来的弊病。经济的增长付出了严重的环境代价,财富的集中也造成了社会不公平的现象,但作者认为在整体前进的步调之下,中国有能力再对此作出新的改革,从而实现其成为超级大国的再一次蜕变。

另外还有一本书《极端时代——一个短促的20世纪1914—1991》,宏观描述评价20世纪世界局势的动荡起伏,对我国作为崛起大国,在世界的定位,有些启发作用。为了不使本书正文论述游离太远,我将该书的简介放入附录8,敬请读者垂注。

4.2 大国思潮

自从2006年由中央电视台制作《大国崛起》在国内播出,香港在2007年播放后,各方反应热烈。香港文化界居然有些人说,为什么不包括中国？更有人认为大国应该包括意大利，并撰写详文盛赞文艺复兴时期。我认为《大国崛起》中9个国家的共同点，是在经济中兴崛起后，便远洋侵略他国，九个大国竞争，此起彼落。它们的兴衰因素，全片暗示和启发些什么？《大国崛起》暗示（其实说得也很明白），用武力压迫他国的大国，不能永远得逞，它们迟早会被以武力新兴的大国取代。

4.2.1 我的现代"大国"定义和意义

· 不被他国欺负

· 不欺负他国

· 不欺负自己国民

以上三点定义只可能在中国上古史传说中的黄帝、尧、舜的时代，有过这样的国度。以现代国际关系、社会环境的形势看，世界上恐怕还没有这样的大国。如果要加上以下三点便更难得了：

· 国内没有特权的领导人、没有特权的管治阶层或特权的国民

· 民有温饱，幼有所学，居有所屋，能有所作，孤有所依，老有所养，病有所医，死有所葬

· 尽量协助他国达到以上这些国情和地位

以上六点的意义很浅白（没有什么经济、国防、外交、法治等复杂词组），连小学生也会明白。但是要做到这样的国家，比走蜀道难得多。直到目前为止，自有人类以来，古今中外，像这样的国家一个也找不到。这样的国度，只能存在哲学家、文学家的脑袋里，只能是一种理想，像老子的"大国"，陶渊明的"世外桃源"，柏拉图的"共和"（Republic是西方思想史中最早的Utopia，即乌托邦），但丁（Dante Alighieri）的天堂（Paradiso），

希尔顿（James Hilton）的香格里拉（Shangri-La），或近世纪康有为的《大同书》等。

4.2.2 秦始皇兵马俑的启示与疑问

我们参观秦始皇兵马俑博物馆看见四乘的铜车、铜马和铜御士、铜伞，惊叹那位御士和他驾驭四匹战马的神态，乘在双铜轮、铜车之上，护在一把巨型而超薄的铜伞之下，人、四马、各物栩栩如生，真神品也！我们继而敬仰当时工匠对造型艺术造诣的细致，更惊讶当时炼丹术士铸铜技术的高超；四乘代表了秦代艺术与技术造诣的高峰，文化与文明的结晶。

没有四乘的造型艺术，只有铸铜的技术，有如只有躯壳而没有灵魂，变成行尸；只有四乘的造型艺术，而没有铸铜技术，有如只有灵魂而没有躯壳，变成无主孤魂。艺术不能没有技术，技术不能没有艺术；文化不能没有文明，而文明更不能没有文化；艺术和技术，文化与文明是相辅相成的，缺一不可。

崇洋是因为我们没有躯壳吗？或是因为我们没有灵魂！必要时，借洋躯，即文明（如技术转让、企业组织、金融货币），是可以理解的，但借洋魂，即文化（如书法、哲学、戏曲），肯定是不需有的。

结 语

行文至此，已近尾声。回到本书的主题，大国崇洋出于对中国建筑文化和社会风气的关心，揭示了现阶段中国社会上的一些不良现象和问题，笔者希望通过呼吁能够唤醒还沉醉在西洋物质神话中的人们。这本书的目的就是解释为什么有这样的崇洋现象，通过中西文化的比较，重新使国人认识中华文化的魅力，协助对中国文化失去兴趣的人，重拾趣味；对中国文化失去信心的读者，重拾信心，找回自我。

第一章"题解"，辨明文明和文化的区别，叙说中国传统文化、传统文化下的建筑环境——民居和园林，及其在现代社会生活中的作用。

第二章从明代讲起，探究中国崇洋的起因，以及欧洲西方文明的崛起，西方文化和东方文化的遭遇和碰撞。笔者试图由内而外，由古至今，由上至下，由己及人，由形态到意识，由理论到现实等各方各面来分析现今中国如此广泛崇洋风气之由。崇洋之疾并不是一朝一日所形成，而是多少年日积月累所留下的痼疾。虽然中华民族好的传统在某些局部尚存，但当代快速经济发展下的许多现象，实在令人沮丧。我们需要回过头来好好反省这30年，甚至几百年的历史所带给我们的教训。

在第三章里，笔者愿尽绵薄之力，为中华民族解脱和解救崇洋心理提些建议。对于中华民族的国粹要从教育抓起，社会的各行各业都要担负起民族文化复兴的责任。政府的领导在弘扬国民文化的议题中起到了至关重要的作用，务必采取一些重要的措施，每项措施，笔者都做了阐释。对于香港的建筑教育，笔者深有体会，对于建筑学学科教育体制的改革，会更好地弘扬传统建筑学。

第四章，笔者回到"大国"的概念，认为，大国者，不能欺负别国，中国在近代以来就没有欺负过别国。大国也不受其他国家欺负，改革开放后，中国的地位逐渐强盛，被人欺负的事虽有，却是越来越少。既然是泱泱大国，更不能欺负自己的国民，国民都能够在社会上受到平等的对待。如果能做到不欺负别国、不被人欺负、善待自己民众这三点，则中国会成为名副其实的大国，完全不必崇洋。于内于外，都会受到广泛的尊重。这是笔者的衷心期望和本书的目的。

中华民族拥有5000年之悠久历史，是世界文明的历史古国。它的源远流长得益于兼容并蓄的传统文化。几千年的文化现在正面临近代快速崛起的现代西方文明的冲击，我们能否在文明相对落后的前提下捍卫住正在淡化的民族传统文化？这是我们的历史使命，也是历代炎黄子孙的历史使命。本书作为笔者以自己几十年的亲身经历与见闻为依据的反思录，希望能够唤醒国民性，让我们明白何谓"师夷长技以制夷"，让我们不再盲目崇洋，并且能够重拾中华民族之文化，重拾民族归属感与自豪感，在世界的舞台上找回中华民族的位置。

附录1　中国精神文明正在与世界接轨

国内提倡精神文明，其中有不随地吐痰，不随处抛垃圾，公共汽车要让座给老弱伤残者。还有一项是由于市民上公共汽车，不排队，争先恐后，你推我撞，自然，老弱伤残妇孺上不到车，这便是不够文明。如果经过文明教育，在车还没有到前，乘客已经排队，车来到时，一个跟随一个上车，达到了这样先排队候车的共识，大家守秩序，而且成了习惯，市民便有排队候车，排队登车的文明。其他如排队购票、购物，没有争先恐后，你推我撞的现象，这样便可以说，国内有排队文化。2008年奥运在北京似乎成功地给中国带来排队文化。

其实，香港不久前有一段颇长时期，市民也是随地吐痰，随处抛果皮、垃圾。上公共交通工具，也是你推我撞，但这种现象越来越少了。至于某些难改的恶习，政府唯有立法，对违规者罚款，才渐渐少了。这类罚款与时并增。随着，以立法对付各种不文明的行为也增加了，如目前的舆论倡议在地下铁讲粗口，要罚款兼坐牢，我希望会成功。必须说明，由立法、控告、审判至罚款、坐牢，这种种针对不文明的措施，由教育、宣传至立法、执行，至今已经历了五十余年，两三代人的光景，才有成效。所以，香港的所谓文明，是经过半个世纪或两三代人的时间，由500元罚款升到5000元，由口头警告至坐牢6个月，才有今天"辉煌"的成绩！

香港已于1997年回归祖国。但因受了一个半世纪多的殖民地教育和管治，有部分香港人，在文化上、情绪上、意识形态上，未能回归，或无法接受回归，或不愿意作中国人，或对中国没有情感，因而没有归属感。有小部分香港人，因曾经留学外国，以"国际人"自居自傲，因为他们可以达到某些欧美国家文明水平的要求，随时可以到这些国家谋生，但又不愿意移民，因为习惯了香港人的生活方式，但又没有回归意识或信念。这等人的精神生活相当矛盾，但意识形态上，好像身处国际机场，等到必要时或适当他们的时候，随时转机（作一个转机客），飞往他国。有些香港人，虽然接受回归是事实，是政治、管治权力的转移，一般归属感却不强烈。回归祖国10年后，仍缺乏爱国意识，没有爱国文化。可能，如上段所述的香港文化，香港爱国文化恐怕也要等两三代人的时间。

谈到这个时间理念，不能不佩服邓小平"五十年不变"的承诺。50年后，大部分对回归有心理矛盾和反对的人已上了天堂，而1997年出生的孩子，将会是年逾半百的老人，他们的成长过程已经过檐前滴水、耳濡目染，自然有国民责任感和国家理念。所以，回归50年后，香港的爱国文化应该不会有问题。

246

附录2 美国自第二次世界大战结束后"霸权民主"发展点滴

美国在第二次世界大战结束以来，时至今天，无日不干预某些国家为独裁，或军国，或贩毒，或恐怖，说这些国家不够文明，并以"民主制度""人权"为外交口号，强加于他国，进行干预，实质是遮掩其对外国侵略的借口。战备、军力、物质文明较弱的第三世界国家，只能还以口号：我们反对的不是你们的"民主制度"，我们反对的是你们的"外交政策"（We are not against your democracy，we are against your foreign policy），一语道破。美国干预他国不是为了关心他国的民主政治和人权状况，而是用这些众所周知的假关心、假慈悲的借口，乘机侵略和掠夺他国的资源财产，这个政策已成为美国的外交文化。

那么，美国自己的所谓"民主制度""民主文化"，又是怎样的一回事呢？

根据一位对民主、选举有威权资深见识的美国大学教授（Robert A. Pastor），他是美国"民主和选举管理中心"理事，从1986~2000年在加达中心担任组织"选举监视团"的任务，到过30个国家进行监察工作，包括美国在内。在他的2004年12月20日报告里，评论：

"2000年美国总统选举，为破产性的可耻失败（embarrassing fiasco）。经过两个世纪的选举舞弊，2000年墨西哥总统选举，终于被国际监察团誉为全球最自由、公正和专业性。而在同年的美国总统选举，由于成千上万的投诉，美国国会认为可耻，于2002年成立了挽救美国选举议案（Help American Vote Act），但2004年的总选举不见得比2000年的好到哪里。"

他最精彩的而又最讽刺入骨的评语是："听说斯大林曾经说过'一个选举的成功，秘诀不在乎选民，而是在乎计算选票的人'（Stalin is

Reported to have said that the secret to a successful election is not the voter but the vote counter)。"我们不用理会究竟斯大林有没有说过这句话，聪明的Robert Pastor借用了斯大林这个历史人物，一语拆穿了上两届美国总统民主选举的弊端所在。

我认为美国的民主选举最重要的元素是金钱、势力（影响力）和说谎能力，其次便是知名度。有钱有势（尤其是能控制公共传播媒体之所谓民意），十之八九唾手可得。好莱坞电影明星可以成功地被选为州长，乃至总统。参选总统选举，便要有天文数字的金钱，并要在传媒上大肆宣传这个数字，加上鹰派为后台；如果没有鹰派作后台，当选后，也得听从鹰派的摆布，否则会遇上意外死亡或暗杀。每次大选，参选者的政见辩论有如谎言竞赛的话剧，谁能有大言不惭的谎言口才和演技，说服投票者便可当选。听来容易，但过程毫不简单，因为参赛者，每一个都是有财有势、有后台、有分量的武林谎言高手。当选后，却把诺言逐个忘记得一干二净。最滑稽的是，全国人民都知道这个总统说谎、无赖、霸道、无能了四年，这种总统还可以经过选举，再来一次说谎表演，再连任四年，这还不是"计算选票的人"（或是点票的方法）在作祟！其实，凭良心说，除了无能是他的专长外，其余三种特技，说谎、无赖、霸道，都应归功于在幕后当导演角色的鹰派。

什么是鹰派？谁是鹰派？很简单地说，越战时期，美国人主张退出越战的称为"鸽派"，反对鸽派的称为"鹰派"。鹰派是一个非常庞大、没有明显领袖的集团，由"二战"结束后遗留下来的美军作战系统组成，持续发展至今，成为现今世界上最新科技、最完善、最强劲的战争机器。它大概由三部分组成：一是军队（海、陆、空及海军陆战部队），二是军火、军备研究、生产、经销的队伍，三是情报机构。其他鹰派隐形在、分布在各级政经商工业等层面，以及教育界、文化界、出版界、新闻工作者及其他传媒（电台、电视台、电影、网络）等机构。这部机器的神经中枢设在五角大楼，建于1941年，可容4万从业人员，主要领导多是鹰派。1941年日本轰炸珍珠港时，五角大楼尚未竣工。由这个三部分组成的巨无霸战争机器，经过第二次世界大战后，没有退役下来的，而又找不到其他谋生出路，但经过出生入死的同袍，有如三大家族，同舟共济。趁在美国与俄国冷战开始时，便顺理成章地保持继续发展，至今从未间断培养、滋养这部战争机器，使之越生长越强劲。但它需依赖经年战争才会有机会把各种部队在战场上作战斗实习、实践、实验；把军火、战备做实验（如工业制成品之市场试验）、售卖；同时要发展情报科技。把三大家族的合作经验，不停地透过实践以致完善，它需要在第三世界国家中挑拨离间，用尽各种理由、方法、甚至造谣、直接或间接制造国际事件，最终目的是令两国或两族人武装冲突，从中售卖过时的武器给其中一国，另一国便马上也要向它买入同级或更好一点的武器。

如果挑拨离间、煽风点火都不成功，它便索性直接出兵介入。透过不断的战争，鹰派三大家族才会收经济效益，个别私人或家族才会发财。在经过战祸颓垣败瓦、破碎支离、粮食短缺、衣不蔽体的国家中，鹰派又可以透过他们在美国早已在商业上或职位上有利益关系的基建公司（专营公路、水坝、发电厂、桥梁等昂贵工程）、发电机厂商、运输公司、交通工具厂商、建筑公司、粮食食物制造厂商、衣服鞋厂商等巨型机构，以"基建和物资援助"等受害者国家的重建为名义，进行其名正言顺的商业行为，而其行为必有大额费用由美政府（美国纳税人的钱）或战败国（如伊拉克以石油）支付。每场战争，鹰派是放火者，也是救火者，是战后灾难的救援者（拯救队、后勤队、补给队、重建队等）；换言之，是战争和善后统筹总部。但是，所有费用，皆由国家（战胜和战败国）支付，鹰派和他们有股份的商业盟友，皆大获益，皆大欢喜。然后渴望着、期待着下次战争、善后工作和分赃的来临。在2003年的第二次侵略伊拉克战争中，美国对传媒发表了一套战争计划，包括入侵"解放"（liberate）后的善后工作，统一指挥（其实是鹰派幕后总协调人和总指挥）是前副总统切尼，总费用是天文数字，鹰派人士分肥，美国纳税人只能抱怨政府，大骂前总统，反战者上街游行示威，包括伤亡士兵的家属。

根据新上任黑人总统的首个百日政绩来看，这位新总统似乎真的要做些大改变，奥巴马真的要走上世界和谐的道路，所以他的言行，迫得前副总统切尼浮出水面。如果奥巴马成功地慢慢走向和谐道路，鹰派的势力和庞大的利益，便慢慢地走向没落之途。你和我爱好和平的人士所担心的不单是美国如何应付金融危机而是奥巴马的性命。

附录3 为什么有"丑陋的中国游客"

时移势易，物换星移，近年中国经济突飞猛进，中国游客在世界各地逐渐增加。所到的地方，虽然没有当年美国人犯下各种不文明的行为那么严重，但亦有当地报纸讥之"丑陋的中国人"（The Ugly Chinese）。中国游客在外国不受欢迎的行为是什么呢？在公众场所，聚众高声谈论，随地吐痰、抛垃圾。

香港《明报》2007年5月24日转载："英国著名旅游网站Expedia. co.uk访问了一万五千名欧洲酒店业人士，调查他们对各国游客的看法，发现他们心目中，日本人是全球最佳游客，美国和瑞士分列第二和第三。中国人则被评为全球最差游客的第三位，仅次于法兰西和印度人之后；常强调"绅士风度"的英国人，也好不到哪里，位列最差游客第五位。

"调查指日本人因整洁及有礼貌，获选为全球最佳游客，远远抛离排第二的美国人。排第三的瑞士游客则被形容为体贴文静。另美国游客被评为赴宴时衣着格调最差，德国游客则被指付小费时最吝啬，最舍得花钱的游客是美国人，紧随其后的是俄人及英人。"（以上《明报》报道摘录完毕）。"

虽然这一万五千名受访者，都是从事酒店业人士，所选对象，非常狭窄而又单一。但酒店业人士与外国游客接触机会最多，次数最频，时间最长，所以，观察最能深入和准确。我个人认为这个调查，奇怪的是：最差的游客多属文化最古老的国家，不知是不是巧合。最佳游客当然属最文明的国家，但不一定有古老文化和尊重他人的古老文化，只不过对服务他们的人有礼貌而已。

香港《文汇报》同日头版大字标题："全球最差游客，中国人排第三。"除了刊登与《明报》转载英国著名旅游网站Expedia的调查结果外，有下片段新闻：

"不文明旅客，或限制出境"，中国领导人已作出批示，要开展"提升中国公民旅游文明素质行动计划"，有关部门正准备修订《中国护照法》，以后出外旅游时作出损害中国游客形象行为证据确凿的护照持有人，将受到处罚，不获发护照或限制出国。

可能我对中国历史认识不够，中国人几千年来，我相信从未有过这样大数量、长时期的出国旅游潮。历代丝绸之路的中国旅客，是为了贸易通商，是千辛万苦，甚至冒生命危险的干活行业。清末民初时期，沿海的民众，到外国去，都是为了逃避饥饿，为了糊口。留在国内，可能全家饿死，宁愿去美国或南洋捱苦工，希望勉强可以养活乡下一家几口。有些不幸的移民，由于各种原因，客死他乡，家人音讯全无。往后也有断续的难民潮、偷渡潮。在改革开放前，到欧美的中国人，多是为了公干出差，或是享有特权的人，或是受在外国的亲人、学术团体邀请。纯粹为了旅游度假，是绝无仅有的。

改革开放后，不足二十年，中国经济从来没有这么蓬勃，随之出国的人也多了。这个突如其来的旅游文化，从来就未有过，有很多成年人，甚至中年人，还是人生以来第一次出国，第一次乘飞机。可以说，20世纪90年代末至今这十多年来的中国游客，是中国有史以来的第一代。如果我们能够从"中国人世界旅游史"上看，有些不文明行为，便不足为奇了。同理，印度人是最差游客，更可以理解。但是我们不能以此为借口，继续不文明旅游，成为国际旅游文化中丑陋的中国人。

在我个人的微不足道的人生历程里，看到不少由穷至富的人。十居其九，学有礼貌比学发达难得多，理由可能跟个人的人生经历、性格和信仰有关。在他们的人生经验来说，他们相信，没有钱便惨遭白眼，冷嘲热讽，只能逆来顺受；有钱便可以买到一切，包括受人尊敬，起码在香港如是。

从世界旅游胜地来说，在过去十年来，外国的旅店亦从来没有招待过这么多的中国游客，对他们的文明行为，当然特别敏感和注意，并高调宣扬，除了忌妒外，希望中国游客有所警惕。中国领导人亦作出了严厉的批示，希望尽快把出国的旅客行为改善，这种反应是正常的，而且对中国形象是有好处的。

其实，中国游客陋习是很容易改的。首先，就是要尊重自己，到外国旅游，时刻记着自己代表中国。观察外国人的风俗习惯、风土人情、生活礼仪，尊重他国的文化。如果我们能这样做，就是等于外国人到中国，我们冀望他们尊重我们的文化一样，这是起码的相互尊重。

不尊敬他人的风俗习惯，会被他人冠以"不文明"、最差游客；不遵守他人的法律，会受到他人的法律制裁；不尊重他人的信仰，尤其是宗教，是对他人的最大侮辱，可招致很大的麻烦，不可不谨慎。如果前两者是文明，后者便是文化。所以到外国旅游，要小心和虚心。不尊重他人文明，当然是不好，可遭到罚款；不尊重他人文化，可以闯祸。

话说回来，2007年初秋，随着一位香港善心朋友到贵州，住在一小镇湄潭，参观她在该镇的扶贫工作，主要是资助教育建设和设备。在湄潭的小旅店不是什么豪华五星级，却是幽雅清洁。在等候小车来接我们时，我走进设在一层的公共洗手间小解，站在尿斗前，墙壁上有一小告示，上面有两行字：

向前一小步 文化一大步

文句不但贴切和有含意，而又带有幽默感。回来后我故意走到洗手间，看看大解有没有文章。果然在厕所门后，也有小告示，也是两行：

匆匆而来 冲冲而去

不但文明、幽默，更有文采！

附录4　奥运给北京四合院和老北京带来厄运

2008年7月，香港《明报》开始了一个《新北京　新北京人》专栏，2日和3日，《明报》连续两天，先后采访香港文化人陈冠中，和《瞭望》记者王军；7月15日访老外龙安志，现选录于后：

陈冠中（1952年出生于上海，香港长大，1976年创号外杂志，爱写中英夹杂文章，讲西洋电影与歌剧，崇尚马克思主义。2000年起以北京为家，爱发表长文论述中国文化）：

"陈被北京的波希米亚奔放人文精神绿洲吸引，却对犹如散落沙漠的城市建筑感到迷惑。

"SARS后，北京经济迅速反弹，后海和南锣鼓巷旋即取代三里屯成为最潮最新的浦点（年轻人闲时聚点），他惊觉三里屯的酒吧在刹那间无声无色地面目全非，被一幢幢冷冰冰的高级商场商厦代替。三里屯酒吧的泡影如烟似梦，蓦然回首，它不就是京城的一面镜子？

"他说自申奥成功至今7年来的面貌变化，北京如一个满布绿洲的沙漠。他1992年曾在北京住了两年，他说那时城内处处绿洲，蕴藏着老百姓生活痕迹，满载历史感的胡同和四合院随处可见，它们是北京的灵魂，也是北京的魅力泉源。申奥成功后，胡同砖墙上到处可见粗暴刷上的"拆、拆、拆"大字，四合院变成了抄袭而来的法式豪华住宅，狭小的老胡同被整合成供大轿车通过的宽阔马路。外装玻璃幕墙、骤眼看一式一样的高级商厦散落在马路两旁，但商厦之间却欠缺有效率的联系。

"他说北京近年有很多巨型新建筑落成，他们成了部分新北京人眼中的绿洲，但却各自位处孤岛，岛与岛之间却不便于穿行，只有透过高速公路连接。但每次走上公路，就好像踏上沙漠。他批评，七年来北京的清拆行动实在过了火，尤以去年清拆前门大栅栏一带的老店，反映部分北京官员仍未意识到什么是真正'具有灵魂的绿洲'。

"他说'我的绿洲，是五光十色的咖啡店及文化场所，内裹的北京人家事国事无所不谈'。他认为三里屯曾经处处绿叶流水，如今经过精心包装，咖啡香气变得高级化、人工化，少了自然流露的人文气息，多了一份矫揉造作。奥运前夕他又发现城内另一个唏嘘现象：'政府为了塑造整齐的小区形象，规定某些老街商铺的招牌，要统一换上簇新的灰色，却令小店失去了七彩缤纷的独有个性'。"

王军，39岁，生于贵州高原的阳磷矿，1987年考上北京的人民大学新闻系。虽名王军，但家里没有一人是高干。大学毕业后，加入新华社北京分社当记者，后调职《瞭望》杂志。自1993年起研究中国建筑大师梁思成生平及北京城市规划变迁，2003年发表《城记》。

1995年，初出道不久的王军在新华社旗下的《瞭望》发表了一篇文章，指出香港首富李嘉诚在北京王府井开发的东方广场建筑高度超标，违反北京市政府的城市规划规定。这篇文章一石激起千层浪，香港媒体广泛转载，还猜测官方喉舌质疑李嘉诚的东方广场是否有政治文章。王军说，其实没有任何背景，只是一个小记者清心直说，无意中捅了马蜂窝，许多朋友担心他会出事。但未几，北京市委书记陈希同出了事，因贪腐被捕，市政府大换班，没人有空来跟他算账，他也继续专心跑他的城市规划和拆迁新闻。今天回看，王军还是觉得东方广场盖得太大，虽然高度调低了一点，但从高空看下去，故宫就像小孩一样俯伏在它（钟按：即东方广场）身旁，香港商人赚钱算得太精。

2003年王军花十年心血写成了《城记》，详细讲述了北京城在新中国成立初期，如何一而再错失了迁移行政中心、完好保存旧皇城的机会，如何一而再破坏历史文物，把城墙和牌楼等古建筑拆除。这书记录了当时两位伟大建筑师和城市规划师梁思成与陈占祥的悲剧，从满怀理想热诚参与北京的规划到理想破灭，"文革"时更被迫检讨自己的"爱国心"。王军有幸得到梁思成的日记，破译了日记内种种简写和代码。

回看《城记》的出版，王军透露了少为人知的辛酸：书的行文虽秉持专业记者的客观平实风格，但字里行间还是流露了对梁思成与陈占祥的深切同情，对几十年来北京市政府的规划决定的批判和反思。王军的朋友都担心没有出版社敢接手，但最后三联书店慧眼识英雄，把书印出来了，获得多个出版奖项。三联的编辑往后见到王军就说："快把下一本交出来！"王军总是嘴硬，"你以为这跟弄煎饼那么容易？"到了今年6月下旬，第二块煎饼终于摊出来了，叫《采访本上的城市》，封面图片是兴建中的中央电视台新大楼。

跟王军谈北京的城市发展，他提出一个尖锐的、令人难以回答的问题，明清两朝几百年下来，政府没有花一分钱去津贴北京老百姓修缮他们居住的胡同和四合院，但胡同和四合院都保存得相当完好。新中国成立后，过去30年是中国国力发展最快、北京经济大幅改善的年代，为什么胡同和四合院却会以惊人的速度腐烂朽坏，成为破旧危房，以致每一届的市政府都有拆迁的冲动，打着改善民居住房的旗帜，大面积拆毁珍贵的胡同和四合院？

站在鼓楼的高台，我们一边采访王军，一边观察楼下的皇城中轴线两旁的建筑情况，虽然这一带官方已宣布为胡同和四合院的保护区，不允许新的发展，但不少四合院还是给拆成白地，再在原址新建仿古的建筑，很多四合院的院子不见了，给僭建的平房塞满了中庭，树木无法生长。

王军感慨地说，其实政府不必花钱修葺四合院，只要把产权明确归还给居民，宣布绝不拆迁，再把复修的建筑规格和样式细节明确写下来，不消几年，这些位于城中心黄金地段的胡同和四合院就会自动"复康"。不想花钱维修住下去的业主会把业权转让或出租，新业主为了替房子增值会主动花钱修葺，恢复四合院应有的面貌，可以在这里经营特色旅馆、酒吧、咖啡阁或小商店，就像南锣鼓巷、烟袋斜街这些成功例子，成为旧城区有特色、生气勃勃的胡同。

除了产权保障制度不完善，胡同和四合院另一个致命伤，是中国的税制，在中央和地区分税安排下，地方政府只分享四成税收，却要承担六成的社会公共开支，所以每个地方都设法开源，土地出让金就是最大的财源。问题在于中国没有物业税，也没有像香港那样的差饷、地租等土地税收，政府从已发展的城区中得不到税收，只能透过拆迁和重新出让市区土地才能创造收入，制度注定了市政府要不断强迫市民往外搬，腾出土地拍卖，滋生了大量官商勾结贪污腐败。

以厦门的PX化工项目为例，政府为什么要在民居住宅旁边盖一个化工厂，破坏居民的物业价值？除了长官意志不顾民情，根本原因是政府从已建成的民居得不到税收，从新建的化工厂却可拿到土地出让金和营业税，如果有物业税，按物业价值累进征收，政府官员作一个破坏物业价值的决定之前，便要慎重考虑。谈到这里，记者终于明白，为什么北京市顺义区政府会在别墅区的中心盖一座大型会展场馆，每有展览时便把全区道路堵死，令别墅业主纷纷割价求售。

事实上，1978年改革开放后，拆旧建筑的动力来自市区重建，是官商合力，第一波自然是港商，搞起了王府井东方广场、崇文门新世界中心等几个大型商用物业；第二波更广泛，东城的金宝街、西城的金融街都是政府有形之手强力介入，大片大片的胡同和四合院以危房改造的名义摧毁。王军曾探访被迁到北京市郊的旧区原居民，情景教他毕生难忘：上千人排队候着，看见他便高喊"记者来了"，然后轮流诉说缺水缺电缺路缺学校缺医院等苦况。后来居住情况改善了，有些人就安顿下来，但也有不少人每天坐公共车辆回旧城区探朋友，下棋聊天，缅怀四合院的生活。

以上有"新北京""新北京人"，有香港住在北京的和从贵州在北京工作的两种新北京人的感想，现在选一位老外，看他的经历又如何。

龙安志（Laurence Brahm）出生在美国纽约，家境平凡。念大学时来中国旅行，适逢中国改革开放，断续在北京、天津和香港居住，为外国游客当导游，半工读地选修南开大学和香港中文大学的学分，并学习普通话，无意中变了当年外国人中罕有的中国通。他后来到夏威夷大学修读法律，凭着懂中文优势，未毕业便受跨国律师行赏识，负责翻译和起草法律文件，一下子跳进法律精英圈子，开始漫长的与政商要人打交道生涯。

2002年是龙安志的人生转折点，世界经济论坛在北京举行，他发表了《朱镕基传》，显示了深厚的政治人脉关系。顾问事业如日方中，但他感到失落和焦虑，毅然结束了顾问生意，只身跑到云南、西藏等中国发展滞后的西部地区，写书和拍电影，讲述一个外国人寻找人间乐土香格里拉的故事。2005年在西藏拉萨开办酒店，尝试把商业发展和文化保育及社会服务三结合，称为可持续的文化发展。他把近年的思想探索路程，写成了3部书：《寻找香格里拉》《与神山对话》及《香巴拉之路》，最近国家外文局领导的出版社买下版权发行。

本月（钟按，即2008年7月）上旬，联合国秘书长潘基文到访北京，与胡锦涛和温家宝会面，抵达当晚就到了龙安志的四合院吃饭，从这三部书的发行谈起，讨论西藏问题。

他在东区的胡同买了个四合院，办特色酒店和餐厅，这等投资十年不到便升值十倍。可是，他愈来愈不喜欢在北京居住。北京为迎接奥运大兴土木，不断拆迁，失去了千年古都的许多珍贵文化遗产，这个向往中国文化的老外，只好向西部，继续寻找他的"香格里拉"。

然而，这个一度深爱北京城的红色资本家，如此对全面走向现代化的新北京很有意见。几年前一份英国杂志发表了一篇文章，说将来欧美的人民要探寻北京传统文化，只需去伦敦或纽约的图书馆，不用去北京，因为那里已没有多少真实的传统文化。他把这篇文章的意思用普通话念（应作"译"）给北京市的行政官员听，好些官员感到愤怒，问他外国人真的这样看吗？他说是的，如果胡同和四合院拆迁继续下去，这篇文章的预言便会实现。

龙安志和许多爱护四合院人士的努力游说有了回报，北京市政府在2000年后逐步确立旧城区内胡同及四合院的保护界线，用立法的形式阻止拆迁。然而不同的行政区域如何保存胡同并没有共识，有的地区用的是文化开发模式，即把大片胡同清拆，把居民全赶跑，土地交给发展商，仿照旧建筑风格重新建一条商业用的胡同，这样做胡同便失去了历史和灵魂。龙安志坚持应该用民间自发的方式去保护，东城区东四的6条胡同采纳了这方法，政府补偿给部分居民，让他们自愿迁离，减轻过分挤迫和僭建问题，让部分居民购买业权，然后改善水、电、煤、厕等基本设施，规范维修建设的标准，胡同的用途和发展由民间自决。

然而，就算是探取了以民为本、可持续的发展模式，东西的胡同区还是有许多未如人意的地方，例如厕所。在四合院内加建有抽水马桶的厕所，本来花费不多，但经过层层的剥削和敲诈，一般胡同居民便无法负担，只能让政府在巷头巷尾修公厕，龙安志说，这其实是制度化贪污造成的问题。

在改革开放头二十年，沿海和内陆各大中小城市都有清拆旧区和兴建新建筑物，上海稍后，北京最后；而这两个最后起步的大城市改变最大，北京清拆最烈。以上的陈冠中惋惜失去的旧文化活动绿洲，"冷冰冰商城压倒胡同四合院……巨型新建筑构建没灵魂孤岛"；而王军的描述，深入了解胡同和四合院被一大片一大片地拆迁的来龙去脉，源于地方政府靠此增加收入，因而滋生了大量官商勾结贪污腐败。了解四合院原居民的被迁徙的怨情，大陆和香港的成千上万建筑师没有一个比得上王军对传统的胡同和四合院那么执着。第三位新北京人是美籍老外，对中国文化有热衷的爱好和研究，而对北京不但有深厚的情感和了解，指出北京一般胡同居民无法负担加建抽水马桶，是由于层层的剥削和敲诈，是制度化贪污，对传统文化的破坏，失望也更大。

北京是首都，也有这种贪污和摧毁历史生活文物的事情发生，国内其他地方更不堪设想。

附录5 民族意识与国家观念

梁漱溟《中国文化要义》（三联书店，1987年）第九章《中国是否一国家》：

"中国之不像国家，第一可从其缺少国家应有之功能见之。此即从来中国政治上所表现之消极无为。历代相传，'不扰民'是其最大信条；'政简刑清'是其最高理想。富有实际从政经验，且卓著政绩如明代之吕新吾先生（坤），在其所著《治道篇》上说：

'为政之道，以不扰为安，以不取为与，以不害为利，以行所无事为兴废际弊'（见《呻吟语》）。

"这是心得，不是空话。虽出于一人之笔，却代表一般意见；不过消极精神，在他笔下表述得格外透彻而已。所以有副楹联常见于县衙门，说'为士为农有暇各勤尔业，或工或商无事休进此门'，知县号为'亲民之官'，犹且之以勿相往来诏告民众，就可想见一切了。

"复次，中国之不像国家，又可于其缺乏国际对抗性见之。国家功能一面对内，一面对外。中国对内松弛，对外亦不紧张。照常例说，国际对抗性之强弱与其国力不无相关。然在中国，国力未尝不大，而其国际性抗性却总是淡的，国际性抗性尽缺乏，而仍可无害于其国力之增大。

"第三就是重文轻武，民不习兵，几于为'无兵之国'。所以我们在第一章中，曾据雷海宗教授《中国文化与中国的兵》一书，所指出之中国自东汉以降为无兵的文化，列以为中国文化特征之一（第十二特征）。盖立国不能无兵，兵在一国之中，例皆有其明确而正当之地位。封建之世，兵与民分，兵为社会上级专业；中国春秋以前，合于此例。近代国家则兵民合一，全国征兵；战国七雄率趋于此，而秦首为其代表，用是以统一中国。但其后两千年间，不能一秉此例，而时见变态。所谓变态者：即好人不当兵，当兵的只有流氓匪棍或且以罪犯充数，演成兵匪不分，军民相仇的恶劣局面。此其一。由此而驯至全国之大，无兵可用。有事之时，只得借重异族外兵，虽以汉唐之盛，屡见不鲜，习以为常事。此其二。所谓无兵者，不是没有兵，是指在此社会中无其确当安排之谓。以中国之地大人多，文化且高于四邻，而历史上竟每受异族凭陵，或且被统治，讵非咄咄怪事。"

最后，则从中国人传统观念中极度缺乏国家观念，而总爱说天下，更见出其缺乏国际对抗性，见出其完全不像国家。

像今天我们常说"国家""社会"等等，原非传统观念中所有，而是海通以后新输入的观念。旧用"国家"两字，并不代表今天这含义，大致是指朝廷或皇室而说。自从感受国际侵略，又得新观念输入，中国人颇觉悟国民与国家之关系及其责任；常有人引用顾亭林先生"天下兴亡，匹夫有责"的话，以证成其义（甚且有人径直写成"国家兴亡，匹夫有责"），这完全是不看原文。原文是：

"有亡国，有亡天下。亡国与亡天下奚别？曰：易姓改号，谓之亡国；仁义充塞，而至于率兽食人，人将相食，谓之亡天下。……是故，知保天下然后知保其国。保国者，其君其臣食肉者谋之；保天下，匹夫之贱与有责焉耳矣。"

此出顾氏《日知录》论正始风俗一段。原文前后皆论历代风俗之隆污，完全是站在理性文化立场说话。他所说我们无须负责的"国"，明明是指着朝廷皇室，不是国家；他所说我们要负责的"天下"，又岂相当于国家？在顾氏全文中恰恰没有今世之国家观念存在！恰恰相反，他所积极表示每个人要负责卫护的，既不是国家，亦不是种族，却是一种文化。

后世读书人之开口天下闭口天下，当然由此启发。然不只读书人，农工商等一般人的意识又何尝不如此。像西洋人那样明且强的国家意识，像西洋人那样明且强的阶级意识（这是与国家意识相应不离的），像他们那样明且强的种族意识（这是先乎国家意识而仍以类相从者），在我们都没有。中国人心目中所有者，近则身家，远则天下，此外便多半轻忽了。

中国人头脑何为而如是？若一概认为是先哲思想领导之结果，那便不对。此自反映着一大事实：国家消融在社会里面，社会与国家相浑融。国家是有对抗性的，而社会则没有，天下观念就于此产生。于是我有中国西洋第二对照图，如下：

中国	西洋
天下	天下
团体	团体
家庭	家庭
个人	个人

梁漱溟（1893—1988年）的《中国文化要义》，从1941年开始（专题讲演），至1949年完成，历时九年。1941年日本已攻占了大部分中国沿海地带，包括香港。1945年抗战胜利，随着便是国共内战，到1949

年中华人民共和国成立。梁漱溟就是在这九个苦难年头，写成这部《中国文化要义》，不是一般学者理论，因为在他那95岁长寿的一生中，除了教育事业外，在政治活动上也非常活跃。对中国不像国家，极度缺乏国家观念的论述及引述，是多从古代至清末民初文献引证，提出一些看法，当然是受1941至1949年的战争时期影响。

但是从唐诗已读到有关"国家"的诗，为什么梁氏却说中国不像国家呢？唐诗如：

杜甫《春望》

国破山河在，城春草木深。

感时花溅泪，恨别鸟惊心。

烽火连三月，家书抵万金。

白头搔更短，浑欲不胜簪。

杜牧《泊秦淮》

烟笼寒水月笼沙，

夜泊秦淮近酒家。

商女不知亡国恨，

隔江犹唱后庭花。

这等诗不但证明中国早已是一个国家，而且国民非常爱国，难道博学多才的梁漱溟不知道吗？唐诗忧国忧民内容却全出自诗人。其实，自古以来，无论哪一个朝代，忧国忧民又何尝不多是诗人、文人呢！所谓文人，即知识分子也。时至今日，忧国忧民也多限于知识分子。老百姓的国家观念则不一样，有也不太强，甚至极度缺乏，所以"商女不知亡国恨"。但起码，国家是有的，梁漱溟的意思，只是不像而已。

21世纪国与国之间,尤其是强国与弱国之间的对抗性、对峙性,不异于20世纪,只会加强。所以,要更多的人民有国家观念,必要时保护国家,但不能单靠文人。对峙的、入侵的已不是邻邦的少数民族,武器已不只是刀剑、弓箭;入侵者对中华文化不会有所吸引,以至被同化;而是远洋而来的外族,加上杀伤性、毁灭性、摧毁性极大的武器,对古老文化由极度羡慕、妒忌,但因自己没有,以至鄙视、厌恶、敌对;对古文物随意、故意、恶意破坏、毁灭。且看美国攻占伊拉克后,这个历史比美国年长六千年的国家,它的尊严、古老文物,老百姓的人权、自由、生命、财产便任意被摧残、蹂躏。

较梁漱溟早十年的《中国人》(林语堂以英文写)完成于1934年,于1935年出版(我手上的《中国人》是由学林出版社于2007年出版,英译中:郝志东,沈益洪)。林氏于1939年再版时,加入第十章,名"中日战争之我见"。

"中日战争之我见"的小题目如下:

一个民族的诞生

新民族主义

压力、反压力、爆发

为什么日本必败

旧文化会拯救我们吗

酝酿中的风暴

蒋介石其人其事

中国未来的道路

现在将"一个民族的诞生",辍录于后:

中国有一个伟大的过去,纵观中国的文明以及中国人民的生活方式,我们就会看到中国人某些显赫的成就和昭著的失败。中国人生活方式的成败得失，与其他文明相形之下，显得尤为引人注目。在中国的古人眼里，中国的文明不是一种文明，而是唯一的文明；而中国的生活方式，也不是一种生活生式，而是唯一的生活方式，是人类心力所及的唯一的文明和生活方式。"中国"一词在课本里意为世界的文明部分，余者皆为蛮族。……面对科学进步、工业革命、意识混乱的整个世界，一些现代中国人感到无地自容，另一些却在那儿夜郎自大。现代中国开始了缓慢、艰难而又痛苦的思考，有时还带着混乱的思绪，有时则闪现出庸常意识。现代中国的整个变迁过程，也就是整个民族缓慢、艰难而痛苦地进行思考的漫长历程，中华民族开始考虑如何对待自身和自己的生活方式。

（人类）历史上曾经出现过不少伟大的时期（基督教的罗马、意大利文艺复兴、英国伊丽莎白等时代）……中国也正是处在这样一个伟大的历史时期之中。四处流传着各种有关新世界、新文明、新种族的传说，说他们有望远镜和牧师、军舰和大教堂、火车和公园、图书馆和博物馆、照相机和报纸。……最后还流传着关于穷凶极恶的毁灭性武器，它们远非中国的任何武器之所能匹敌。

于是，中国才第一次看到一个陌生的、新奇的文明，它与我们自己的文明截然不同，有不少值得我们借鉴的地方。但是，中国人处在一种闭关自守的状态，他们自给自足，无论经济还是精神上都是如此。……中国人把白人看作科学家——技师、士兵和传教士，很少有人把白人看作新思想的教员。……

然而，撇开其他不谈，西方文明毕竟也是一种观念体系，而观念的力量远胜于军舰。当欧洲的军舰进攻天津塘沽炮台、1900年八国联军耀武扬威地走在北平街头的同时，西方的观念也正从根本上猛烈震撼着这个王朝的社会结构。一如其他的文化变革时期，西方的观念也正从基本上猛烈震撼着这个王朝的社会结构和文化结构。一如其他的文化变革时期，起领先带头作用的是知识分子。值得称道的是，中国这样一个古老的文明之邦，在接受西方的工业成就之前，先去接受了西方的文化遗产。这种文化观念的引进是如此重要，使得皇朝与文明面临灭顶之灾。

……从此，西方的知识、思想和文学的渗入，逐渐成为一种坚强有力、不可间断而又潜移默化的过程。10年之内，由于西方政治观念的引进，皇朝宣告覆灭，共和国宣告成立，……梁启超鼓吹"自由""平等"，普及教育和议会政府，孙逸仙致力推翻皇朝建立共和政府、社会主义和民族主义。……民族主义和爱国主义，以及个人对社会的态度等等观念。结果使新旧两代人的思想产生了极大的混乱。

……回顾这40年来的文化变迁，从激烈的自由主义到目空一切而又外强中干的保守主义，从目前生机勃勃的共产主义青年到行将绝迹的笃信孔学的一代军阀，人们会看到他们所持的观点截然相反。……从思想陈腐的官员——他们认为自己一旦离开这个世界，世界便会陷入一片混乱，所以要设法使人们保持传统——到具有民族意识和全球意识的生机勃勃的当代青年，在三代人的时间内就完成了这样一个转变过程。

40年来，一个民族在形成，它最终从一个文明之中脱胎出来，故而此处民族一词带有一点凄婉的意味。……近十年来，所有的价值观念都已倾覆，世界局势一片混乱，不少词语已不再是原来的意思，受尊敬的政治家也开始说假话；最为粗鄙的国度也可称为"民族"，而渴望和平的开化的文明之邦也被迫武装起来抵抗他国，否则就会有灭族之灾；一个民族生存的权利是用枪炮的口径和轰炸机的速度来衡量的；在这种时候明智的人们就会质问：加入民族大家庭的好处何在？目前中国正被引进这样一个民族大家庭，并且正在获得一个位置。

然而，中国之进入世界大家庭，并非像一个新发现的亲戚那样去兴高采烈地访问，也不是一种进入和平、繁荣、幸福的乌托邦的浪漫冒险，而是一个浪子回到了一群吵闹哭叫的强盗兄弟之中。……他需要花费很长的时间去鼓起勇气参加战斗，成为一个斗士。唯有这个途径，才会赢得他强盗兄弟们的尊敬。……只有在这个意义上，我们才能够谈论中国在这个激烈争吵的"民族大家庭"中的出现。

……多少年来，在外族入侵面前，中国感到手足无措；他们一直犹豫彷徨，企求同情，采取逃避战术；请求别人做无效的调解；在别人失约之后捶胸顿足；最后幻想破灭不得不决定鼓起勇气去面对这个家庭的新气氛。只有这时中国人才真正发现了自己。……他们发现为现代民族的每一步都是由于一个幻想破灭的痛苦教训所使然，起先是凡尔赛会议，然后是国联，最后是同日本的你死我活的争斗，他们要么被迫起来保卫自己，要么灭亡。

显而易见，这个古老大国芸芸众生的惰性是惊人的，只有遭到外界的一连串打击之后，他们才会有点进步。……1900年对北京的洗劫……1911年满清皇朝的覆灭。1919年的凡尔赛会议上中国被自己的同盟国出卖。这直接导致了学生运动……紧接着的是国联的背叛，这件事发生在1932年满洲事件中。……正是自1932年起中国人才开始积极行动起来准备进行民族自卫。并且由于日本在1932~1937年的一连串骚扰，由于日本一步步地蚕食热河、河北、察哈尔和绥远，中国人才受到警告，自己已处于民族灭亡的紧急关头，于是他们的愤懑达到了顶点，最终产生了奋起抵抗的决心。全民族抗战的基础，普遍和深入的抗战决心，都产生于1932年以后的那些年代，这一点怎样强调也不会过分。……这些年月里，大多数中国人认为中国最终走上了成为统一的现代国家之路，而日本却千方百计加以阻挠；这些年月里，即使是曾经只身维护1933年的塘沽协议的和平主义者胡适，也变成了抵抗主义者；

这些年月，中国共产党也放弃了自己的计划，以抗日为唯一的条件，与南京政府联合起来了。1936年冬天的西安事变，是这些岁月的顶峰。最后，是日本的武装侵略使得中国成为一个完整的国家，使中国团结得像一个现代化国家应该团结的那样众志成城。在现代史上，中国第一次团结一致地行动起来，像一个现代民族那样同仇敌忾，奋起抵抗。于是，在这种血与火的洗礼中，一个现代中国诞生了。

附录6 哈佛大学的"自由教育"报告原文（此文略——本书责编注）

附录7 天津对租界进行区域性改造

2005年《建筑业导报》第331期，介绍天津正在进行区域性改造中的原意大利租界，及北京大学建筑学研究中心于2005年上半学期"聚落研究"课程，对这样一个处于瞬时性状态的区域，进行"考现"（非考古）研究。虽然这个研究是课程，而且更不知天津政府怎样去改造，和改造目的是什么？在对古建筑疯狂清拆风气下，致力对古建筑进行考究已是极少，对整个古区域的"寻脉"和"考现"更少了，所以值得介绍，同时，亦可以认识租界在现代中国历史发展上的角色。

《天津原意大利租界历史寻脉》一文，由陈平撰写，试选录如下：

从清咸丰十年（1860年）到光绪二十八年（1902年），英、美、法、德、日、俄、意、奥、比九国先后借助第二次鸦片战争、中日甲午战争和八国联军入侵等战争，与清政府签订了不平等条约，从而取得了在天津设立租界的特权。在两次世界大战中，中国政府先后收回了各国在天津的租界。从天津租界存在时间来看，最短的是奥租界，17年；最长的是英、法租界，85年；意大利租界有43年的历史。租界的设立方便了帝国主义对中国剥削、掠夺和控制，列强以租界为基地开展了形形色色的经济、军事、政治、文化等方面的侵略活动。但同时，租界的设立对天津的发展在客观上起到了一定的积极作用。

意大利租界的形成、发展始终与近代天津社会经济的变迁密切相关。19世纪末期到20世纪初期，天津在中国历史上处于特殊的地位，是清末洋务运的中心、北洋军阀的政治中心；而对外国的势力来说，是中国门户开放的窗口，是侵略殖民中国的桥头堡，东西方在此的冲击交流不断，而天津的各国租界正是这一特殊历史背景的产物。

意大利租界建于1902年，当年意大利公使与天津海关道正式签订《天津意国租界章程合同》。其范围自海河以北，津浦铁路以南，东、西分别与俄、奥两国租界接壤，占地约780余亩。租界距离天津城厢较近，紧邻火车站及海河，凭借优越的地理位置和便利的交通，发展很快……

随着有相当详尽的叙述，有关《意大利租界一带的地理环境变迁》和《意大利租界的草创》。草创一章中最值得一提的是意大利租界主要靠出售土地的收入，开始了早期的基础建设；而最重要的基础建设是首先靠人力从海河岸边运土填垫界内土地……大洪水泛滥时，意租界得以免遭淹泡，还成为其他城区灾民的避难所。……

意大利租界文化特征以天津的租界作为"展示西方文明的窗口"，使得西方文化观念全方位涌入天津，西方的教育模式、医疗技术、传媒手段、音乐艺术乃至生活方式逐渐渗入天津的文化生活领域。意大利租界虽小，但五脏俱全，具有完善的社会文化功能。

（以下对意大利租界内宗教、教育、医疗、新闻、娱乐、重要遗址、名人故居等物业的发展演变之描述从略——本书责编注）

那么，"考现"又是什么一回事呢？

所谓"考现"就是"考查现象"。在这个过程中，考察者以自己身体的经验对对象物的全貌进行把握。而这种把握，实际上是通过直观对象物来完成的。这样视点的选取理由是：在我们看来对象物的本身有着自我明示性，因此尽管其背后用眼睛看不见的文化和社会结构的存在，但所有这些最终都会以某种形式为依托而被对象物化到现象之中。以这样的思路作为考查的基础，在调查时我们便力图着眼于现实空间所表现出的现象本身，以考现者自己的眼睛和身体感觉对对象的全体像进行考虑，进而对其本质进行直观，而这便是我们"考现"的主旨。

在原租界进行"考现"的过程中，我们是以建筑学的视觉对现象进行记录。由于现状本身正处于激变时期，相差两个星期的测绘和摄影记录实际上已彼此不同。这里所展现的一切，尽管也仅是一个多月前的状态，但当你看到这瞬时的现状时，新的现状已并非如此，很多"石头的史书"已经成为翻过去的历史的一页。

究竟天津对意大利租界的区域性改造结果如何，我们拭目以待。可能改造已完成。无论如何，对古建筑、古环境的态度来说，已是一个好现象；它的成果，对天津的其他租界和全国其他租界和古建筑保育，会有一定的影响，我们祝愿它的成功。

附录8 《极端时代——一个短促的20世纪　1914—1991》之评介

Age of Extreme——The Short Twentieth Century 1914-1991，Eric Hobsbawn著，Michael Joseph 1994年出版。作者曾在维也纳、柏林、伦敦及剑桥受教育，曾在伦敦大学Birkbeck学院及纽约社会学院执教，他

的几本著作曾翻译为多种文字。

顾名思义，这本书是以欧洲人眼光看世界的，因为作者的20世纪是以第一次世界大战始，以苏联解体为终，两件大事都发生在欧洲。其次，在书的开端，作者邀请了12名知识分子对20世纪作鸟瞰观察：计有5名英国人，2名西班牙人，4名意大利人，1名法国人，全是欧洲人。

我把这12位的评语顺序描叙于后：

*虽然我没有身受其害，我所记得的欧洲，是一个可怖的世纪。

*这个时代是一个非常矛盾的时代。个人人生历程来说，没有什么惊险可说；但是我知道这是人类经历中，最可怖事情发生的世纪。

*我们经历过集中营而生存下来的，是真正的见证者。这是一个很不舒服的意识，但读到其他生存者的记述，便慢慢地可以接受。我们只是少数，一群不正常的少数。我们之能够生存，或由于技巧、运气，或违背真理；还有些人不能生存而死亡，或生存下来而无言。

*我只能看见一个大屠杀和战争的世纪。

*虽然有革命，但都是有进步，还有第四产业的兴起，和女权的冒出。

*我无法可以忘记，这是人类史上一个最暴力的世纪。

*世纪的主要特点是人口膨胀，这是一个大灾难，而我们对它束手无策。

*如果要我对20世纪作总结，我会说它提升人类有史以来祈望最高；同时，幻想和理想最彻底毁灭。

*最基本的现象是：很不寻常的科学进展，它是20世纪的特色。

*从科技来说，我认为最突出的就是电子的进步；由一个较理性、较科学性的概念，发展到非理性、非科学性的理念。

*这个世纪展示：有公义的理想常常是短寿；但如果我们仍然拥有自由，便可以从头来过，不须失望或放弃。

*我对20世纪的理解，使我常常从新思考。

可能是巧合，可能是作者故意安排，可能是我对"鸟瞰"（A Bird's Eye View译为"全境观察"，亦即是粗略但作概要的视察和评语）的理解错误，这12位知识分子没有一个提及民族主义抬头、殖民地纷纷独立、帝国主义崩溃、贫富悬殊、全球气候突变、资讯科技速进等，都是20世纪中非常突显的大事。那么，为何我会选中这本书？

我相信以上的首两个"可能"我猜中了，因为作者不但没有忘记应记的大事（除了环保和气候问题，对其他大事记录和加以分析），而且还提示了21世纪我们会见到的现象。这本称20世纪为"极端时代"的书，虽然只是从1914至1991年，但全书共有585页，连参考书书名及索引共627页，厚5厘米，很难拿在手上看，应该分上下册两本。可能正因为只是一册，而且内容相当全面，以至在1994年出版时，一年内印了5次，一年后（即1995年）再印3次，我个人认为它的畅销热点在其结论。现在我先将作者把"短促的20世纪"分为三部分的题目简述于后，然后介绍结论：

第一部分称为"灾难时期"（The Age of Catastrophy）：是指两次世界大战（1914~1945年）及两者之间的苦难岁月，帝国没落和殖民地主义的完结等。

第二部分称为"黄金时期"（The Golden Age）：是指美苏冷战，社会革命，文化革命（不是中国的"文革"，而是指全球性的文化信念和价值观改变，始自家庭、个人、社会经济和对宗教的遗弃），第三世界，论述"真正的社会主义"等。

第三部分称为"山崩"或"塌方"（The Landslide）：是指从1973年起，

至"真正社会主义"的苏联和东欧解体、崩溃为止的20年。这时期包括西方经济开始走下坡，第三世界、不断革命论和社会主义的完结等。

这部书最有特色的是它的结论：

（1）两个世纪以来（到20世纪90年代末期），人类第一次体验到将踏入第三个千年期时，全球缺乏一个国际系统或机构，能够厘定国界；更没有一个第三者能够令各国信任它无偏无私地作公证人。第一次大战后的战胜者，重新替各国定国界者去了哪里？（钟按：第二次大战后的盟国，主要是美、英、俄，各有私心不公正地定下了几乎全球国界，种下了至今还没完没了无穷尽的纠纷祸根。）两个世纪之末，只有一个国家能当大国，那就是美国，但什么是"大国"却很模糊。俄罗斯缩成17世纪中期大国的版图，大不列颠和法国只有当欧洲地区性强国的份，德国和日本虽是经济强国，却没有军力做后盾。欧盟的国际身份追求成为一个政治共同体，但却缺乏一个共同承认的政治政策。换句话说，20世纪末的世界，是一个世界大战末期的时代，是以全球动乱、混乱作完结；这个"完结"的性质和意义，很明显，是非常的不明朗，没有一个机制能够控制这个混乱的局面。

（2）这种无能的理由不但是由于世界性的危机非常复杂；亦是因为没有一个长远可行的纲领和里程表，能够管理或改善人类的事务。

这不是说，人类事务虽然复杂和充满危机，但战争的日子已不再临；且看1980年便有英国阿根廷之战；1983年有两伊（伊拉克伊朗）之战；1989年欧亚非洲皆有战争；还有利比亚、安哥拉、苏丹、前南斯拉夫等和中东、中亚、阿富汗等地区性大大小小的战争。起码，对该等地区来说，是没有和平，因为波斯尼亚、利比亚和巴尔干半岛各国的相争已把自相残杀的事件模糊了较易认识和分辨的传统战争。换句话说，战争不是没有，只是改变了形式。

无疑，较强和较稳定国家的居民（如欧盟诸国比起周边邻国，北欧诸国比起波罗的海周边的苏联附庸国），可能以为他们比第三世界某些不稳定的国家较为安定。但除了以前传统性的国与国相争的形式外，在20世纪的下半期，已加上了由国家的分裂、弱小国由于被欺负和被剥夺武装机会的民族，变成拥有极大破坏性、毁灭性的暴力个体在全球各处活动。

　　到现在，就算是一小撮人，同一政治信念或宗教信仰，组织起来，随时可以对敌方造成巨大的破坏和死伤：如爱尔兰共和军（IRA）抗英和恐怖分子在纽约世贸大厦灰飞烟灭的911事件。造成这等破坏的代价非常低廉，但对保险公司（钟加：和受害者及家属）而言代价却非常高。受害国对非以国家名义的恐怖分子活动，而没有正面军事冲突事件，很难加之以罪。这种恐怖活动的动机属政治性而非属军事性。虽然常规武器，甚至核子武器，在国际军火市场上，相当容易购得，恐怖分子却多用较轻便的手提武器。因为这样的模式对小组活动来说比较灵活和容易执行。

　　控制这经非正式宣战的暴力行动，代价越来越高。英国对付北爱数百名爱尔兰共和军的活动，需用上2万名正规军和8千名武警，每年要3亿英镑。如此庞大的耗资和人力数字，就算富国也难承受。

　　冷战后有几种情况出现：其一是强国把限制某些弱国武力发展戏剧化，而暴力却变本加厉，如波斯尼亚和索马里；其二是世界贫富悬殊加剧，增加了（国家民族间）互相仇恨；其三是伊斯兰极端组织（原教旨主义者）的兴起，不但反对现代化并且反对西方国家，如在埃及旅游景点滥杀西方游客，和谋杀在阿尔及利亚的西方居民。相反，富有国家恐惧和抗拒外国人，尤其是第三世界的穷人移民，欧盟对入境的第三世界寻找工作的穷人，加以阻挠。

在短暂世纪的下半期，越来越明显，第一世界只能在某战役（battles）上得胜，但不能在战争（wars）中胜出；就算胜出，也不能控制所得的地区。帝国时期的大国强项已消失，如殖民地人民心甘情愿合作，被征服后，只需少量殖民官员便可统治。1990年后，要安全统治，便需大量军队和军火，如临大敌。

换句话说，全世界以混乱完结。

（3）短暂的20世纪也是一个宗教战的世纪：但是这个宗教战最血腥、最世俗、最不道德的部分，却是现世的、非宗教的，含有19世纪的社会、民族及政治思想斗争的过时意味；实行社会主义和民族主义战争，那个时代的政治人物，可以变成神一样地受崇拜；可能这种世俗的极端，在冷战时期已结束，包括政治和个人的迷信与崇拜。可是，直至世纪末仍然没有任何宗教、政治人物和个人可以有能力（钟加：或令人相信有能力）承诺一个长远永久性的方法去解决世界危机。

苏联解体主要是苏维埃共产主义的失败，就是说，国家全盘经济靠国有制和由中央控制的计划经济，缺乏有效的市场和价格机制，而消除个人企业和市场竞争的经济。苏联经济失败，亦把马克思主义的经济理论变为知识分子对共产主义的抱负和辩护；但自1890年以来，从没有马克思的社会和政治理论能变为具体或实际行动，但马克思作为一个思想家是无可否认的。

作者对苏联经济系统的失败花费了不少笔墨，认为马克思主义者对他们的经济理论，奉以宗教性的信心，认为其不但可以让国民享有丰富的物质享受，更给他们带来快乐和自由。最后，这种苏维埃模式乌托邦只能全部瓦解。

从经济理论看，20世纪中的资本主义和社会主义两大系的争论，可能像16世纪和17世纪的天主教与其他基督教派争论相似，演变成世纪的宗教冷战，到21世纪再变成无关紧要。

从经济理论和政策的演变看，20世纪可能是经济奇迹的世纪，因为由两大系统的对峙，变为把相反的理论结合起来发展：如公有化结合私有化，市场经济结合计划经济，国有化和私企化等，其结合与否视乎需要来决定。其实，公共机关对公共事业已失去了控制。最后，某些人的个人利益已超过了集体利益，和凌驾在集体决定之上。

如果政治和经济的理想在19世纪革命时代出生，而在世纪末期迷失了方向，古老的挽救方法就是向宗教求助，现在这灵丹妙药已无效。西方宗教信仰和派系已是混乱不堪，以美国为首的几个信奉基督教的国家，参与守礼拜及社会活动的教堂叙会人数骤跌，而且在加速下降。我在香港认识的一位60多岁、取得美国教会博士衔的华人牧师，于2009年回答我问题时，告诉我教堂叙会人数与前两三年比较，下跌了70%！有些传统信基督教的国家，在20世纪初期建立的教堂，在20世纪末期已空空无人，甚至包括大不列颠一向虔诚信教的威尔士。

可是在远东（钟按：应该是"亚洲"，因为包括日本和朝鲜半岛）一些第三世界国家的宗教情况（钟加：不需要教会或传教士），仍是以孔学或孔教最为影响人们的中心思想，其他宗教对它（孔学观）也起不了任何影响作用。

（4）虽然在20世纪里，世界性的复杂问题多的是，但人类已觉察到两个较为严重的问题：人口膨胀和生态、环境秩序失常。

20世纪世界人口膨胀，最初以为达到一定数量后，便会平稳下来，但这种预测全错了。一般的情况是，发展中和贫穷国家，人口继续暴涨，富国人口增率平稳。

继而，贫国的失业年轻人口，大量涌进富国求职，富国被迫采取外国人入境控制，间接造成种族歧视。富国因需要廉价劳工，对严格放进来的人口，不给与长期居留证件，当然亦没有公民资格，形成不平等社会，移民和本地公民便产生摩擦和纠纷。这种对峙和冲突的社会现象，在未来几十年，不但会继续而且会加剧。

自然环境生态失常、失控，是另外一个隐藏的、具爆炸性的全球性问题（钟按：光是地球升温带来的冰川融解，造成海洋水位升涨，在过去20年已造成不少破坏）。虽然对世界性威胁的警告，环保意识和常识的宣传，在过去十年已不断展开，但有些环境和生态破坏严重失控，自然环境及生态已无可复原，人为与自然灾难已无法挽救或制止。现代科技发展虽有贡献，但带来的后果破坏性比好处更大。

作者对生态环境危机有三个相当肯定的观察和结论：一是任何解决方法必须是全球性而非地区性。美国人口占全球4%，但其对全球污染量占最高，它必须对其他国家作出合理的补偿；二是，环保政策必须进行激进的和彻底的改革，但要合乎现实（钟按：作者忘记了第三点，但是根据上文下理的推测，可能是以上段与科技发展有关，但他没有说）。

（5）如果把"世界经济"孤立成为一个单独的问题，任由它自由运作，它会自我地自然地继续生长。正如在1920年，一位俄罗斯经济学家（N. D. Kondratiev），发表了一个经济理论，认为世界经济每50至60年便会来一次循环，具有上升或下降的定律。后来有多位经济学家和商人，发现每近60年左右便有一次衰退，正如农夫相信气候的大变化，每60年便来一次大水灾或旱灾一样（钟按：这个经济定律以60年推测、计算与中国的甲子相似，是否巧合？）。无论如何，这个不可思议的定律在今后全球性经济发展渠道上，还是有很大的可能性。

如果能够由全球化、国际化的生产找到一个如何分配的方法，如果可以把全球人口所需，归纳于一个如何平均分配这个全球经济收获的系统里，如何去实现推行这个方法或系统，便是商人的最大商机。这个商机的最大障碍便是贫富悬殊的国家，尤其是在20世纪80年代的亚洲第三世界，大部分人口至今仍靠救济生活。这些国家，人口继续增长，使贫穷人口继续增加，导致不平等社会存在并扩大，累积成将来不可避免的灾难。

后记　见洋不用崇　见外不须媚

我在学堂读"番书"（英文书院）的时间，比在中文书院的长，而"崇洋媚外"这个题目非常敏感，在用字、行文、字行间，措辞、语气间，很容易会被误会为挖苦某些人。我写这本书完全是出自爱国、爱民族、爱古建筑，更爱中华文化，希望中华民族与中华文化永恒长存，希望中国年轻一代，尤其是建筑师，不会对着洋文物、洋文化、洋人或洋建筑师有自卑感。这便先要学习、认识和了解洋文明文化；同时，更需要学习、认识和了解固有的中国古老文化，只有这样才能够有资格比较这两种文化。比较后，如你喜欢洋文化那你便有充分理由洋化。但如果你认为中国文化适合你，你便有责任维护它，令它能成为常青树，更要争取、希望和相信终有一天，中国文化不需、就连文明科技也不需再跟随洋人跑。这个希望和相信，不是奢望而是很有可能，因为我们祖宗在15世纪前已是全球第一大国，比《大国崛起》的九国更早和更长时期，而且没有侵略他国。

我对目前的崇洋媚外现象不明所以，可能是由于我对洋文化、洋生活的认识和与我个人背景有关。可能是因为我在英国念大学、工作，和瑞士女孩子结婚，加上在欧陆生活相当长时间，加起来最少共有十年，这十年是我一生中的黄金年轻年代，对外国文化最敏感、最向往，对生命憧憬最浪漫，对洋知识最容易吸收的时期。我在香港的建筑设计事业前合伙人是也英国人，在业务上和很多洋人交往，也骂过、嘲讽过不少洋人，包括洋公务员（低级及高级官员）、洋总承建商、洋工程顾问、洋业主或他们的洋人代表（我们的业主不少是洋人）。由于要做好业务，平均每天工作12小时，还有每周到香港大学讲课两次，共4小时，建筑系主任是洋人及系老师有来自欧美各国的洋人。这样的生活工作情况共三十多年，这是我一生中接触各种职业，从承建商、医生到律师、状师（即solicitor、barrister，只有barrister可以上法庭控诉或辩护），各式各样、各种年龄、各种种族的洋人次数最多、最频密、有关事情最复杂的时期。前前后后"与洋共处"了四十余年，所以对洋人、洋朋友、洋家庭、洋社会、洋纠纷、洋文明文化，长期接触，稍为了解，能见"洋"不用"崇"，遇"外"不须"媚"。他们也是人，和我们一样，有讲道理的和不讲的、有好的有坏的、有优越感的和自卑感的、更有喜欢甚至崇拜中国文化的，也有瞧不起中国人的。如果我们了解洋文化，也了解中国文化，便不会、不需崇洋。

最后，我要感谢资深建筑学及建筑现代史作者、中国建筑工业出版社原副总编辑杨永生先生，三十多年来无条件地、不厌其烦地给我"改稿"。改稿的工作，包括更改错字，改广东话为普通话，改文法、语气，改标点符号等事，对我来说错了不知错，对他来说，应是极烦琐之事，他从来没有半句怨言。从退回的稿件中，偶尔看到"这是作者看法，无须改写"，我便知道我这些意见必有问题，必须改写，重复再看、再想，马上知道错在哪里。但有时候，要想两三天，乃至两三个星期，才能体会到、领悟到错在哪里，或简直遗漏了一些有关重要部分。改稿工作还包括催稿，催稿有急、有缓，容易的他会给我一个付梓日期；难的如这本书，他会说："在你有生之年，必须完成，国内建筑师极需要。"可以说，没有杨永生先生的帮助、催促和鼓励，这本书便不会完成。趁在脱稿之际，特地向亦师亦友的杨永生同年致意致谢致敬！

后后记

天有不测之风云，人有霎时之祸福。

长话短说，我在2009年5月患上"免疫系统局部崩溃症"，至不能继续作"结论"和插图工作，几至全部停顿。

2010年秋幸遇薛求理先生，得他大力支持，全权代理，完成"结论"、插图和文稿整理工作，《大国不崇洋》能够面世，全靠他的功劳，在此敬记。

钟华楠

2011年3月